2021 年中国建筑工业化发展报告

同济大学国家土建结构预制装配化工程技术研究中心　主编

中国建筑工业出版社

图书在版编目（CIP）数据

2021年中国建筑工业化发展报告/同济大学国家土
建结构预制装配化工程技术研究中心主编. — 北京：中
国建筑工业出版社，2022.9
ISBN 978-7-112-27751-3

Ⅰ.①2… Ⅱ.①同… Ⅲ.①建筑工业化—研究报告
—中国—2021 Ⅳ.①TU

中国版本图书馆CIP数据核字（2022）第146893号

本书是由同济大学国家土建结构预制装配化工程技术研究中心组织行业力量，编写的关于中国建筑工业化发展情况的年度发展报告，旨在推进新型建筑工业化发展。本书从建筑工程、桥梁工程、地下工程、绿色建造和智能建造等多个角度出发，系统梳理并总结了2021年我国建筑工业化发展的新政策、新专业、新标准及新技术，统计了行业内典型企业及示范项目的发展情况与经验，归纳促进和影响行业发展的各种因素并分析行业的未来发展趋势，帮助广大读者了解目前我国建筑工业化最新发展的情况。

责任编辑：张伯熙　曹丹丹
责任校对：董　楠

2021年中国建筑工业化发展报告
同济大学国家土建结构预制装配化工程技术研究中心　主编

*

中国建筑工业出版社出版、发行(北京海淀三里河路9号)
各地新华书店、建筑书店经销
北京红光制版公司制版
北京建筑工业印刷厂印刷

*

开本：787毫米×1092毫米　1/16　印张：11　字数：244千字
2022年10月第一版　　2022年10月第一次印刷
定价：**44.00**元
ISBN 978-7-112-27751-3
（39929）

编写组

组　　长：李国强

副组长：刘玉姝　宫　海

成　　员：刘　青　郭建好　徐海洋　陈　晨　魏晨光

　　　　　黄陈晨　陆佳慧　侍崇诗　杨剑峰　薛屹峰

　　　　　易鼎鼎　卞子文　王　璐　黄吴量　吴培培

　　　　　李骁淦　范文杰　邱　建　朱玲玲　卢昱杰

　　　　　袁　勇　石雪飞　姚旭朋　张姣龙　宋　军

　　　　　王　珂　宋佳茗　朱文伟　章　伟　张　庆

　　　　　姚　激　涂虎强　张　勰　赵雪磊　查　亮

　　　　　唐　科　孙莉丽　段振兴　朱强强　李文轩

　　　　　杨　郁　刘　刚　宋银灏　马智亮　李洪艳

　　　　　霰建平　马华兵　李章林　朱学银　刘　涛

　　　　　姜海西　庞洪海　刘　威

主编单位：

同济大学国家土建结构预制装配化工程技术研究中心

参编单位：

南通装配式建筑与智能结构研究院

上海同济绿建土建结构预制装配化工程技术有限公司

云南建投钢结构股份有限公司

昆明理工大学

上海衡煦节能环保技术有限公司

江苏方建质量鉴定检测有限公司

加拿大木业协会

江苏智建美住智能建筑科技有限公司

上海宝冶集团有限公司

保利（横琴）资本管理有限公司

广联达科技股份有限公司

中交第二公路工程局有限公司

上海隧道工程有限公司

上海城投公路投资（集团）有限公司

前　言

2022 年初，住房和城乡建设部在发布的《"十四五"建筑业发展规划》中明确，"十四五"时期我国要初步形成建筑业高质量发展体系框架，建筑市场运行机制更加完善，工程质量安全保障体系基本健全，建筑工业化、数字化、智能化水平大幅提升，建造方式绿色转型成效显著，加速建筑业由大向强转变。同时还提出 2035 年远景目标：到 2035 年，建筑业发展质量和效益大幅提升，建筑工业化全面实现，建筑品质显著提升，企业创新能力大幅提高，高素质人才队伍全面建立，产业整体优势明显增强，"中国建造"核心竞争力世界领先，迈入智能建造世界强国行列。

未来建筑业高质量发展是大势所趋，主要有三个发展方向：

一是工业化。国家目前正大力促进装配式建筑发展，而装配式建筑是建筑工业化的一种重要方式。要大力推广装配式建筑，需构建装配式建筑标准化设计和生产体系，推动建筑构件生产和现场施工智能化升级，扩大标准化构件和部品部件使用规模，提高装配式建筑综合效益。

二是绿色化。建筑业是碳排放量巨大的行业，为实现碳达峰、碳中和的发展目标，要重点把控建材生产阶段和建筑运维阶段的碳排放量。为此，建筑业一方面要对传统建筑材料进行更新迭代，研究运用低碳新材料或减碳高性能材料，另一方面要大力推广建筑节能技术、低能耗建筑、智能家居用具，最大程度降低建筑在运维阶段的能耗。

三是智能化。将新一代信息技术与传统建筑业深度融合，加快推进建筑业数字化转型，建立智能建造与新型建筑工业化协同发展的产业体系；充分发挥数字化技术、互联网平台在建筑领域的融合应用，建立全方位、多功能的建筑产业互联网平台。同时要加强新型传感、智能控制和优化、多机协同、人机协作等建筑机器人核心技术研究，研究编制关键技术标准，形成一批建筑机器人标志性产品；并积极推进建筑机器人在生产、施工、维保等环节的典型应用，重点推进与装配式建筑相配套的建筑机器人应用，辅助和替代"危、繁、脏、重"施工作业，实现"智能建造"。

本书由同济大学国家土建结构预制装配化工程技术研究中心组织行业专家在调研分析的基础上编写完成。与过去几年编写的发展报告相比，本书增加了桥梁工程、地下工程、绿色建筑、智能建造等内容，更加综合和全面地把握了建筑工业化的行业发展现状和技术发展趋势。通过对最近一年我国建筑工业化发展状况、相关数据、技术创新成果等进行分析、归纳和总结，编辑出版了本书。

本书汇总提供我国 2021 年建筑工业化的发展状况，可为政府有关部门制定建筑工业化相关的政策、制度和监管模式提供参考，帮助产业链相关的企业和科研机构了解行业和技术发展情况，掌握相关法规、政策、规范和标准，促进产业的整合和技术升级，加快提升建筑业的工业化水平。

本书在编写过程中收集整理了大量资料，并参考了多方面研究的成果，但由于时间仓促和自身能力所限，有些统计数据和资料的收集不够及时和完整，书中内容难免有疏漏、不深入、不全面等不妥之处，恳请广大读者批判指正。在编撰本书和收集相关资料过程中，得到了有关部门、企业、专家的大力支持与协助，在此一并表示感谢！

同济大学国家土建结构预制装配化工程技术研究中心
2022 年 8 月

目 录

第3章 建筑工业化产业发展情况/89

第4章　建筑工业化项目总体情况/133

第5章　发展趋势分析/160

参考文献/164

第1章 建筑工业化相关政策

1.1 政策总论

2021 年，为推动建筑工业化发展，国务院及地方各级人民政府共发布 200 部与行业相关的法律法规、规章、规范性政策，其主题可分为四类：装配式行业相关 98 部，智能建造行业相关 28 部，绿色低碳行业相关 59 部，产业教育行业相关 15 部（扫描二维码详见 2021 中国建筑工业化发展报告相关政策清单）。2021 年全国重点地区建筑工业化发展相关政策数量统计如图 1-1 所示。

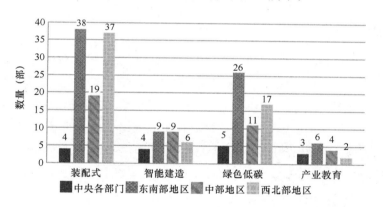

图 1-1　2021 年全国重点地区建筑工业化发展相关政策数量统计

以装配式行业为例，依据 2021 年颁布装配式行业法律、规章、规范性文件的适用范围，适用于全国的共 4 部（占比 4%），适用于直辖市、省、自治区的共 42 部（占比 43%），适用于地级市的共 52 部（占比 53%），如图 1-2 所示。

据资料统计，发布政策的地区主要集中于我国东部、中部等城市，西部、东北部除主要省会城市外，其余城市未出台相关政策

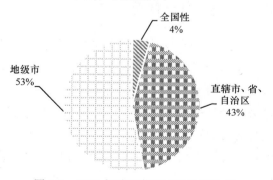

图 1-2　2021 年涉及装配式的政策法规适用层次分析

文件，如图 1-3 所示。

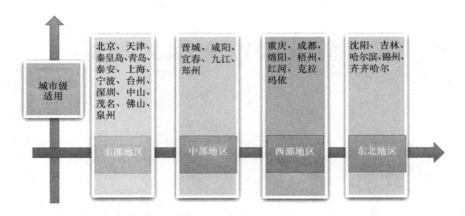

图 1-3 2021 年涉及装配式行业法规政策地区分布

1.2 装配式建筑政策

1.2.1 国家政策

2021 年 6 月住房和城乡建设部联合三部门出台《加快农房和村庄建设现代化的指导意见》，明确鼓励选用钢结构装配式建筑等安全可靠的新型建造方式来完善房屋建设。

2021 年 12 月国家发展和改革委员会联合多部门印发《"十四五"时期"无废城市"建设工作方案》，提出应大力发展装配式建筑，有序提高绿色建筑占新建建筑的比例，推行全装修交付，减少施工现场产生建筑垃圾。同时，在国家发展和改革委员会等十部门联合印发的《全国特色小镇规范健康发展导则》中，明确强调应大力发展绿色建筑，推广装配式建筑，来响应国家碳达标的总体目标。

1.2.2 地方政策

2021 年，全国各地共发布 94 部地方性装配式行业相关的法律法规、规章、规范性文件。如图 1-4 所示为 2021 年全国重点地区装配式地方性行业政策颁布数量分析图，其中装配式结构类共 60 部，装配化装修类 7 部，"三板"（预制内外墙板、预制楼梯板、预制楼板）类 7 部，如图 1-4 所示。随着国家政策的推动，各地区发布的政策主要集中于装配式结构方面，其主要包括推广装配式混凝土建筑、钢结构装配式建筑发展两大类。并且，据数据统计，长三角地区、京津冀地区推广装配化装修与"三板"类的数量高于同期其他地区。

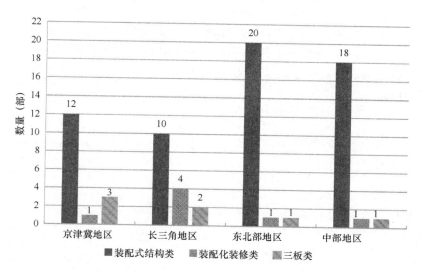

图 1-4　2021 年全国重点地区装配式地方性行业政策颁布数量分析

1.3　智能建造政策

1.3.1　国家政策

2021 年以来，中央各部委致力于推动建筑业高质量发展，不断探索智能建造产品技术，提升智能建造水平，并着重推动数字化技术的应用。

住房和城乡建设部在《对政协第十三届全国委员会第四次会议的提案答复》以及《关于同意开展智能建造试点的函》中，明确提出应加快研发应用智能建造产品技术，提升智能建造水平，加快建造方式转变，推动建筑业高质量发展。

2021 年 9 月，工业和信息化部在《物联网新型基础设施建设三年行动计划（2021—2023 年)》中指出，应加快智能传感器等物联网技术在智能建造方面的应用，提升对建造质量、人员施工、绿色施工的智能管理与监管水平。

1.3.2　地方政策

2021 年，全国各地共发布 24 部与智能建造行业相关法律法规、规章、规范性文件等政策，其主要集中颁布于河北、山东、湖北等地。

由 2021 年各省、自治区所颁布的政策内容可知，智能建造产业重点正在向智慧施工、智慧运维两大方向发展，而基于 BIM、物联网等关键技术的数字化建设则是当下企业发展的主要趋势。在未来，各地将继续强调对智能建造试点的推广，为更好地探索出一种可复制、可推广的智能建造发展模式打下坚实的基础，如表 1-1 所示。

2021 年部分省、自治区颁布的关于智能建造的政策清单　　　　表 1-1

省、自治区	政策名称	文号	阶段	要点
河北	关于加快新型建筑工业化发展的实施意见	冀建节科〔2021〕3 号	设计	推动标准化设计，强化设计方案论证；优化部品部件生产；推广以装配式建筑为主的精益化施工
广东	广东省住房和城乡建设厅等部门关于推动智能建造与建筑工业化协同发展的实施意见	粤建市〔2021〕234 号	生产	鼓励推动基于 BIM 的数字设计、智能生产和智慧工地建设；加强智能建造人才培养，鼓励引进跨领域人才，提高生产水平
陕西	陕西省住房和城乡建设厅等部门关于推动智能建造与新型建筑工业化协同发展的实施意见	陕建发〔2021〕1016 号	施工	划定建筑工业化重点区域及加快产业化基地建设；加快新技术在建造全过程的集成应用，提高建筑产业链资源配置效率和智能建造水平
内蒙古	关于印发内蒙古自治区推动智能建造与新型建筑工业化协同发展实施方案的通知	内建市〔2021〕13 号	施工	推动以装配式建筑、设备研发、智能机器人等为主的建筑工业化升级；加快智能建造工作平台的创建
安徽	关于开展"智慧工地"试点工作的通知	建质函〔2021〕1071 号	施工	加快培育具有智能建造系统解决方案能力的工程总承包企业
山东	山东省住房和城乡建设厅关于印发《全省房屋建筑和市政工程智慧工地建设指导意见》的通知	鲁建质安字〔2021〕7 号	运维	基于信息化，围绕施工过程进行管理；建立标准规范体系；突出危险性较大分部分项工程风险隐患治理；提升行业安全监督及服务能力
湖北	湖北省"十四五"建设科技发展指导意见	鄂建文〔2021〕48 号	运维	研发以 BIM 技术为主的智能建造和智慧运维的关键技术；提升以 CIM 为主的城市基础设施建设技术水平
湖北	湖北省住房和城乡建设厅等部门关于推动新型建筑工业化与智能建造发展的实施意见	鄂建文〔2021〕34 号	运维	发挥"智慧住建"大数据分析平台作用，建立建筑产业互联网平台；开展智能建造、智慧运维关键技术和装备应用研究

1.4　绿色低碳政策

1.4.1　国家政策

2021 年 2 月，国务院在《加快建立健全绿色低碳循环发展经济体系的指导意见》中提出，应建立健全绿色低碳循环发展经济体系，促进经济社会发展全面绿色转型。而其在《关于推动城乡建设绿色发展的意见》《2030 年前碳达峰行动方案》中则指出，应推动建材行业碳达峰，建设高品质绿色建筑，大力发展节能低碳建筑，持续提高新建建筑节能标准，加快推进超低能耗、近零能耗、低碳建筑规模化发展。

2021 年 5 月，住房和城乡建设部联合十五部门印发《关于加强县城绿色低碳建设的意见》，也明确提出应加快推进绿色建材产品认证，推广应用绿色建材，发展装配式钢结构等新型建造方式，全面推行绿色施工。

1.4.2　地方政策

2021 年，全国各地发布 54 部与绿色低碳行业相关的法律法规、规章、规范性文件等政策，其主要集中颁布于长三角、京津冀、东北等地区。其中，长三角地区积极响应国家号召，所颁布的政策占全国总数的 24%，如图 1-5 所示。

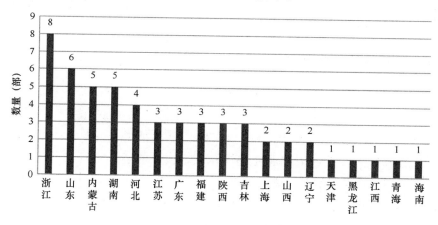

图 1-5　2021 年全国绿色低碳行业政策颁布数量分析

1.5　产业教育政策

1.5.1　国家政策

人力资源和社会保障部印发《"技能中国行动"实施方案》方案明确提出，通过实施技能中国行动，"十四五"期间，实现新增技能人才 4000 万人以上，技能人才占就业人员比例达到 30%。

住房和城乡建设部在对十三届全国人大四次会议第 8906 号建议的答复中提出推动相关政策文件的贯彻落实，一是加强培训基础建设，二是优化人才培养方案，三是强化职业资格相关要求，四是全面推进中国特色企业新型学徒制，从而不断强化装配式建筑各类人才培养和使用。

1.5.2　地方政策

2021 年全国各地发布 12 部与产业教育相关的法律法规、规章、规范性文件等政策，加强了对高水平建造人才的培养。同时，各地纷纷响应国家号召，强调对装配式建造行业相关产业的教育，其主要集中颁布于长三角、山西、广西等地区，如图 1-6 所示。

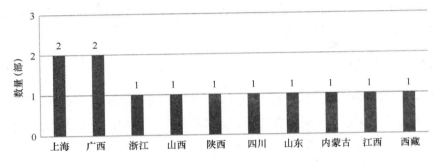

图 1-6　2021 年全国产业教育行业政策颁布数量地区分布

1.5.3　智能建造专业教育

2019—2021 年，全国各地为响应教育部号召，有 67 所开设"智能建造"专业的高校（如图 1-7 所示，扫描二维码详见 2019—2021 年开设智能建造专业学校列表），并且，随着国家大力发展智能建造产业，开设该专业的高校数量正逐年增加。而在此基础上发展起来的职业院校教育，则体现了行业对以"实践教学环节"为核心的新工科理念教育的深入落实。相信未来将会有更多的试点高校将加入到智能建造专业课程的建设中，从而能够更好地为国家培养出适应建筑业新业态、新技术发展需求的高素质应用型人才。

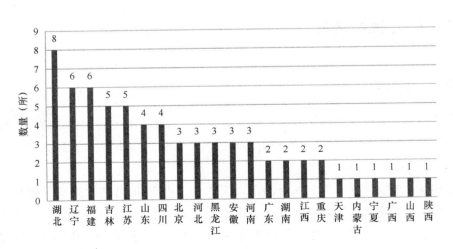

图 1-7　2019—2021 年全国各地累计开设智能建造专业高校数量

1.6 各类评价标准

1.6.1 总体情况

装配式建筑的评价标准作为指导装配式建筑发展的一种政策措施，是实现建筑工业化的重要保障。其中，预制率、装配率是评价装配式建筑的重要指标，也是各级政府制定装配式建筑扶持政策的主要依据。

2017 年住房和城乡建设部颁布了《装配式建筑评价标准》GB/T 51129—2017，为各省、自治区、直辖市装配式建筑评价提供了依据。其中，参照 2017 年国家标准进行装配式建筑评价的地区有 5 个。随后，我国部分省、自治区、直辖市以国家评价标准为基础，结合各地的实际情况，陆续颁布了地方评价标准。经统计，2017—2021 年国内装配式建筑评价标准发布情况如图 1-8 所示，全国大部分地区基本确定装配式建筑评价体系。

由此可知，相对于国家标准而言，地方评价标准主要可分为三种类型：增加技术加分项，采用不同的计算逻辑，对国家标准进行细化和延伸。

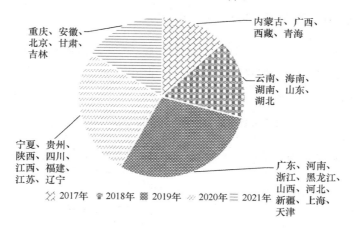

图 1-8 2017—2021 年国内装配式建筑评价标准发布情况

1.6.2 国家装配式建筑评价标准

在《装配式建筑评价标准》GB/T 51129—2017 中，装配率是合格建筑物评价装配化程度的唯一指标。标准中通过限制分值、装修和装配率来明确某个建筑是否为装配式建筑，并通过装配率大小给出装配式建筑的评价等级。

在国家标准中，装配率以主体结构得分值、围护墙和内隔墙得分值、装修和设备管线实际评分值为基础进行计算，将评分项分为 3 部分，共 11 项，如图 1-9 所示。

通过预制部品应用比例计算各项得分值，可汇总得出装配率。根据装配率数值大小，可将装配式建筑分为无级别、A 级、AA 级和 AAA 级等级别，如表 1-2 所示。

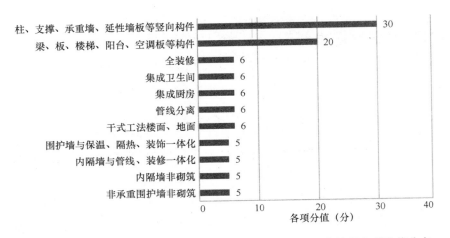

图 1-9 《装配式建筑评价标准》GB/T 51129—2017 装配率计算各项分值分布

装配式建筑等级评定 表 1-2

装配率	$P<50\%$	$50\%\leqslant P<60\%$	$60\%\leqslant P<75\%$	$76\%\leqslant P\leqslant90\%$	$P\geqslant91\%$
等级	非装配式	无级别装配式	A 级装配式	AA 级装配式	AAA 级装配式

1.6.3 参照国家标准进行微调的地方标准

部分地区的装配率计算规则在国家标准基础之上进行了微调,将评价标准做了更精准的定位和评分。比如浙江省,相对于国家标准,其颁布的标准中细化项更多,更容易达到装配率的标准,如表 1-3 所示。

浙江省参照国家标准进行微调的计算规则 表 1-3

评分大类	评分项	国家标准要求	浙江标准评分项	省标要求
围护墙和内隔墙	围护墙与保温、隔热、装饰一体化	$50\%\leqslant$比例$\leqslant80\%$ (2~5 分)	墙体与保温隔热、装饰一体化	$50\%\leqslant$比例$\leqslant80\%$ (2~5 分)
			采用保温隔热与装饰一体化板	**比例$\geqslant80\%$ (3.5 分)**
			采用墙体与保温隔热一体化	**$50\%\leqslant$比例$\leqslant80\%$ (1.2~3 分)**
	内隔墙与管线、装修一体化	$50\%\leqslant$比例$\leqslant80\%$ (2~5 分)	采用墙体与管线、装修一体化	$50\%\leqslant$比例$\leqslant80\%$ (2~5 分)
			采用墙体与管线一体化	**$50\%\leqslant$比例$\leqslant80\%$ (1.2~3 分)**

注:表中的加粗项为地标中相比国家标准增加的细化项。

除了细化国家标准,部分地区还设置了加分项,如北京、广东、河南等 19 个省、自治区、直辖市,如表 1-4 所示。采用加分项后,可以提升装配率水平,对鼓励新技术的推广应用有着积极作用。

参照国家标准进行微调并增加了加分项的计算规则　　　　　　　　表 1-4

序号	省、自治区、直辖市	加分项
1	北京	信息化技术应用，绿色建筑等级
2	贵州	BIM 技术应用，EPC 总承包，工业化施工技术，绿色建筑，标准化设计，磷石膏非砌筑内隔墙
3	河北	预制构件标准化
4	云南	BIM 应用，采用装配式减隔震技术，省级示范工程，具有地域民族特色的装配式建筑，通用部品部件，自爬升脚手架
5	新疆	新技术应用，新材料应用，信息化（BIM）技术
6	山东	标准化设计，信息化技术
7	河南	BIM 技术，承包模式，技术创新，超低能耗，绿色施工
8	湖南	BIM 技术应用，采用 EPC 模式
9	海南	标准化设计，结构与隔热遮阳一体化，墙体与窗框一体化，集成式楼板，组合成型钢筋制品，市政先行
10	广东	标准化设计鼓励项，绿色与信息化应用鼓励项，施工与管理鼓励项
11	贵州	BIM 技术应用，EPC 总承包模式，工业化施工技术，绿色建筑，标准化、模块化、集约化设计，磷石膏
12	安徽	绿色建筑与绿色建材应用，高精度模板或免拆模板，标准化设计，BIM 与信息化管理，工程综合承包模式
13	福建	BIM 技术应用，可追溯管理系统，项目组织方式，绿色建筑，标准化外窗应用，装配式混凝土路面，路缘石，围墙，检查井
14	江西	标准化设计，绿色与信息技术应用，施工与管理，创新技术应用
15	黑龙江	关键岗位作业人员专业化，工程承包方式，应用 BIM 技术，省级及以上装配式建筑示范工程，绿色建筑，低能耗建筑
16	陕西	标准化设计，绿色与信息化技术，施工管理
17	宁夏	应用 BIM 技术，绿色建筑评价，应用高精度模板施工工艺，应用建筑减隔震消能技术，应用太阳能、空气能等可再生能源利用技术
18	四川	标准化指标
19	重庆	信息化应用指标

1.6.4　参照国家标准进行大调的地方标准

1. 上海市

上海市走在我国装配式建筑发展的前列，上海市标准对不同结构体系的装配式建筑做了非常明确的划分，对不同的结构体系引入权重系数的概念，并把建筑的单体预制率和建筑的装配率分开定义，上海市标准与国家标准的对比见表 1-5[1]。

上海市标准与国家标准对比   表 1-5

序号	项目	国家标准	上海标准
1	评价出发点	设计阶段预评价，竣工验收进行最终评价和定级	设计阶段对单体建筑预制率和装配率的确定提供计算依据，判定是否符合要求
2	装配式建筑要求	对主体结构、围护墙和内隔墙的得分给出最低限值，装配率≥50%	建筑单体预制率≥40%，或单体装配率≥60%，其他指标无特别规定
3	评价分类	主体结构、围护墙和内隔墙、装修和设备管线三大类	预制构件、建筑部品及其他三部分
4	涵盖内容	将非承重围护墙纳入围护墙和内隔墙中，权重占比比较低	非承重墙纳入预制构件体系，权重占比高
5	权重给分	国家标准采用百分制，根据预制构件、部品等的应用比例给出相应的分值	采用权重系数和修正系数的形式，根据预制构件、部品的应用比例确定得分

2. 江苏省

江苏省考虑到政策延续性和实操可行性，保留了"预制装配"这一术语，并且将标准化与一体化设计、绿色建筑评价等级、集成技术应用、项目组织和施工安装技术加入装配式建筑的综合评定中。江苏省评定标准与国家标准的对比见表 1-6 与图 1-10[2]。

江苏省评定标准与国家标准对比   表 1-6

序号	项目	国家标准	江苏标准
1	评价对象	主要针对混凝土建筑装配率计算方法	钢结构、木结构、混合结构装配率计算方法
2	单体建筑计算范围	裙房可与主体合并，也可与主体分开，分别进行计算和评价	单体建筑由主楼与裙房组成时，可仅计算主体结构投影平面内部分
3	认定基本要求	针对不同的评分项目规定了最低分值	针对不同评价对象，进行分类要求，如居住建筑预制装配率≥50%，公共建筑预制装配率≥45%
4	等级评价基本要求	主体结构中的竖向构件应用比例不低于35%	主体结构预制构件占比≥35%
5	计算方法	对各评价项进行装配率计算，后根据数值评价等级	不同结构类型的装配式建筑，进行详细划分，权重系数不同
6	侧重点	强调了管线分离的应用	将外围护和内隔墙合在一起计算，弱化分界，灵活选用应用比例，二者比较见图 1-10

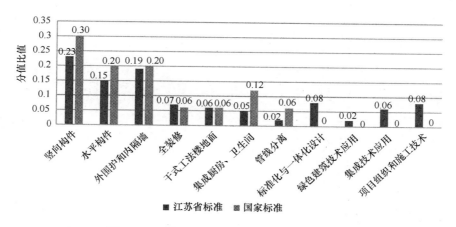

图 1-10　江苏省标准与国家标准各项分值比值

1.6.5　装配式建筑"三板"政策

全国各地除了发布装配式建筑评价标准或计算细则，还相继出台了关于在新建建筑中推广应用装配式预制"三板"的新规施行办法。"三板"是装配式建筑的重要组成部分，故对于装配率计算具有重要意义。各项条文中也均明确了单体建筑"三板"的应用比例、计算方式以及应用项目享受的扶持政策，相关地区"三板"政策对比见表 1-7。

相关地区装配式建筑"三板"政策对比　　　　　　　　　　　　　　　　　表 1-7

地区	江苏	广西	山东济宁	湖北宜昌
发布时间	2018 年	2020 年	2018 年	2021 年
三板比例	新建单体建筑"三板"总比例不得低于 60%	预制楼梯板的投影面积≥80%；预制楼板≥70%；非承重内墙板≥50%	新建单体建筑"三板"总比例不得低于 60%	外墙板、阳台板、遮阳板、空调板、凸窗≥60%；内墙板、楼梯板、楼板≥30%
其他要求	积极采用预制阳台、预制遮阳板、预制空调板等预制构件	优先使用预制自保温外墙板	鼓励采用预制外墙板、预制阳台、预制空调板、预制排烟气道等预制构件	钢结构及木结构建筑，鼓励采用"三板"

第 2 章　建筑工业化技术进展

2.1　新公开专利

2.1.1　建筑工程

1. 钢结构装配式建筑

根据相关专利库检索结果，2017—2021 年公开钢结构装配式建筑相关发明专利数量呈稳定上升趋势，如图 2-1 所示。2021 年公开发明专利总计 431 项。

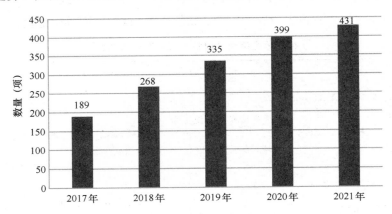

图 2-1　2017—2021 年钢结构装配式建筑相关的公开发明专利数量

选择公开时间为 2017—2021 年，对发明专利申请单位进行分析。其中，专利申请数量为前 10 名的单位如图 2-2 所示。

根据相关专利库检索结果，分析各领域钢结构装配式建筑的研究情况，如图 2-3 所示。

下面对有代表性的钢结构装配式建筑专利及其产业化运用情况进行简单介绍。

一种钢结构房屋箱及其生产工艺[3]（公开号：CN 114033221 A）

1）专利概况

该专利涉及一种钢结构房屋箱及其生产工艺。钢结构房屋包括骨架和外壳，外壳包裹固定在骨架周侧。骨架由顶框、底框以及端框组成。顶框与底框的框面呈上、下相对排

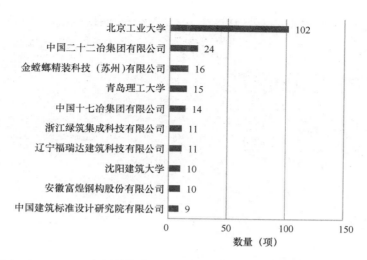

图 2-2　2017—2021 年钢结构装配式建筑相关公开发明专利数量前 10 名单位

布，端框位于顶框与底框之间，端框的顶部与底部分别与顶框底部、底框顶部相固定。外壳包括顶板、底板以及侧板，顶板固定在顶框顶部，底板固定在底框底部，侧板位于顶板与底板之间，且侧板固定在端框的两侧外壁位置处，如图 2-4 所示。

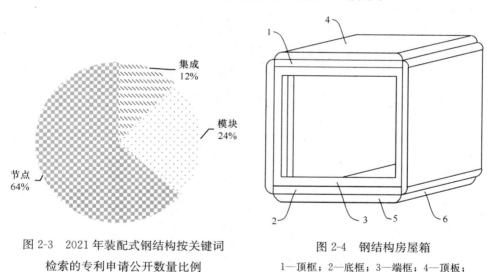

图 2-3　2021 年装配式钢结构按关键词
检索的专利申请公开数量比例

图 2-4　钢结构房屋箱
1—顶框；2—底框；3—端框；4—顶板；
5—底板；6—侧板

2）产业化项目

如图 2-5 所示，中国香港竹篙湾防疫隔离营项目是由中国建筑工程有限公司承建的全装配式建筑群。该项目共有 53 栋可拆卸重组的二层房屋，其中包括钢结构隔离房屋 700个，钢结构社区医疗站 2 个，钢结构楼梯箱 182 个，钢结构走廊 352 个，钢结构屋顶 442个，以及混凝土机电房等附属建筑 46 个。

项目整体建造时间仅为 2 个月，除用作疫情隔离使用外，项目还可作为轮候公屋的周

图2-5　中国香港竹篙湾防疫隔离营项目

转房使用，并可以作为永久建筑来使用。这种建筑的特点是现场与工厂分离，可在基础施工时生产箱体，连接简单，建造速度快。

2. 装配式混凝土建筑

图2-6为2017—2021年与装配式混凝土建筑相关的公开发明专利。从图中可以看出，2018年较2017年公开发明专利的数量增长迅速，2018—2020年期间公开发明专利的数量较稳定，到2021年数量又有明显增长。整体看来，公开发明专利数量呈增长态势，体现了装配式混凝土建筑在工程应用中的创新性得到了显著提升。

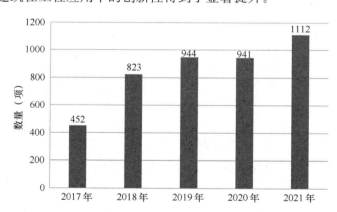

图2-6　2017—2021年装配式混凝土建筑相关的公开发明专利

图2-7为2017—2021年公开发明专利的申请单位统计情况。其中，沈阳建筑大学位居榜首，总数为110项；北京工业大学其次，为66项；东南大学和西安建筑科技大学以51项和47项分别位居第三、四名。可以看出，装配式混凝土建筑相关发明专利申请的主力军是国内众多高校。

如图2-8所示，将2021年公开的1112项发明专利数据按照主题统计分析，可见以施

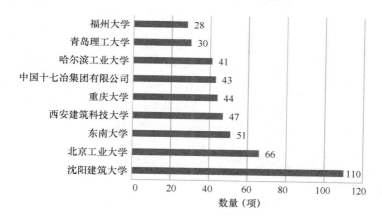

图 2-7　2017—2021 年装配式混凝土建筑相关的公开发明专利的申请单位统计

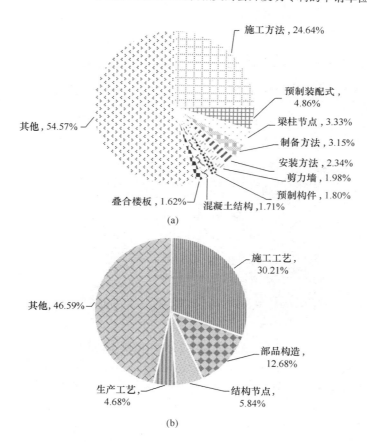

图 2-8　2021 年装配式混凝土建筑相关的公开发明专利主题统计图

（a）实际主题划分；（b）整理划分

工工艺为主题的专利数量最多，占比 30.21%；其次是部品构造、结构节点、生产工艺等主题。综上可以看出，技术研究重点主要还是围绕设计、生产、施工环节。

下面对有代表性的装配式混凝土建筑专利及其产业化运用情况进行简单介绍。

1) 灌芯叠合装配式钢筋混凝土剪力墙结构及其建造方法[4]（公开号：CN 102877646 B）

（1）专利概况

灌芯叠合装配式钢筋混凝土剪力墙专利技术是凡林装配式建筑科技有限公司依托吉林建筑大学科研团队历时多年的研究成果。该技术将现浇钢筋混凝土剪力墙拆分为若干结构构件，每个剪力墙构件在竖向预留可以为任何形状的空心孔洞，孔洞的内壁以及剪力墙的水平方向连接端部均设有抗剪切滑移键槽。工厂预制结构构件后运抵施工现场吊运安装，经过对结构构件的定位固定和少量后浇连接节点的支模后，进行水平方向和竖直方向的拼接。最后，工厂进行灌芯浇筑混凝土叠合，形成一体的灌芯剪力墙，其主要技术优势在于所有现场的钢筋和混凝土的连接均在后浇混凝土中进行，其连接效果完全等同于现浇混凝土结构，如图 2-9 所示。

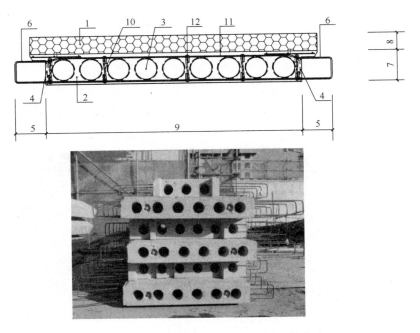

图 2-9 灌芯叠合装配式钢筋混凝土剪力墙

1—外墙保温隔热层；2—墙体；3—内壁带有抗剪切滑移键槽的空心孔洞；4—水平方向端部的抗剪切滑移键槽；5—钢筋焊接搭接可操作长度；6—水平分布钢筋端部；7—剪力墙厚度；8—保温隔热层厚度；9—墙长；10—拉结钢筋；11—水平分布钢筋；12—竖向分布钢筋

（2）产业化项目

碧桂园·京源著住宅项目如图 2-10 和图 2-11 所示，总建筑面积约为 36235m²。预制外墙为集承重、保温、装饰于一体的灌芯剪力墙体系夹心保温外墙板，从内到外分别由 200mm 厚钢筋混凝土内叶墙板、70mm 保温层、60mm 厚钢筋混凝土外叶墙板组成。内叶墙板为结构承重受力构件，外叶墙板通过 FRP 拉结件与承重内叶墙板可靠连接。内叶墙板圆孔直径为 108mm，剪力墙墙身孔洞率约为 20％。

图 2-10　碧桂园·京源著项目鸟瞰图

图 2-11　碧桂园·京源著项目现场施工图

2）一种建筑墙体[5]（公开号：CN 213204595 U）

（1）专利概况

该专利技术属于上海衡煦节能环保技术有限公司，该建筑墙体包括第一墙板和第二墙板，如图 2-12 所示。第二墙板通过多个第一拉结件与第一墙板连接，并与第一墙板围成第一空腔。第一空腔内设有墙体结构钢筋，墙体结构钢筋包括暗柱钢筋和墙身钢筋。该建筑墙体为空腔结构的预制构件，空腔内部集成了墙体的墙身钢筋和暗柱钢筋，不需要人工在现场绑扎钢筋，可以节省大量的人工成本和材料成本。

依托该模壳技术，完善的装配式复合模壳剪力墙体系包括模壳剪力墙、模壳柱、模壳

17

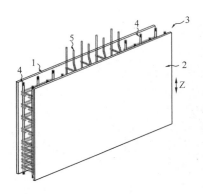

图 2-12　一种建筑墙体（模壳剪力墙构件）

1—第一墙板；2—第二墙板；3—墙体结构钢筋；4—暗柱钢筋；5—墙身钢筋

楼承板、模壳梁、模壳地下管廊等构件，技术也日益成熟（扫描二维码详见 2021 年中国建筑工业化发展报告装配式混凝土专利合辑）。

　　围绕装配式复合模壳剪力墙体系，目前申报的部品部件、原材料配比、自动化生产线、施工设备及工装等专利多达 60 余项。随着项目案例的增多，模壳体系的生产及施工工艺也日渐成熟，并能自主生产及供应模壳干粉料、模壳产品配件、模壳生产设备，目前已形成较为完善的技术输出体系。

　　（2）产业化项目

　　上海希尔顿酒店塔楼项目如图 2-13 所示，总建筑面积为 45648m²。该建筑分为主楼和裙楼，结构体系为预制整体式框架-剪力墙结构体系，现场施工如图 2-14 所示。此项目运用了模壳墙类型，包括一字形模壳剪力墙、L 形模壳剪力墙、T 形模壳剪力墙。L 形和 T 形剪力墙将转角和垂直相交部分预制进去，有效降低了后期封模难度和节省封模时间；最大 540mm 厚度构件相对于实心墙板减重 92.6%，大大降低了构件对塔式起重机型号的要求。

图 2-13　上海希尔顿酒店塔楼项目效果图

图 2-14　上海希尔顿酒店塔楼项目现场施工图

3）用于检测装配式建筑竖向构件连接节点的检测装置[6]（公开号：CN 208383763 U）

（1）专利概况

用于检测装配式建筑竖向构件连接节点的检测装置，包括分别位于装配式建筑竖向构件连接节点两侧的 X 射线发射机构和 X 射线接收机构，如图 2-15 所示。工作时，由 X 射线机对被测墙体发射高压电子，可以迅速、准确地检测墙体内装配式建筑竖向构件连接节点的具体结构，经平板探测器接收透照后的数据，并将其传递给处理平台，由系统生成电脑端可视化底片，实时反馈检测情况。

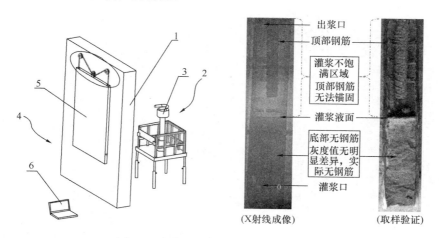

图 2-15　检测装置示意图及检测效果图

1—墙体；2—X 射线发射机构；3—X 射线机；4—X 射线接收机构；

5—无线便携式数字化 X 射线摄影成像系统平板；6—PDA

（2）产业化项目

南京市江宁区禄口街道肖家山拆迁安置房工程总建筑面积为152141m²，其委托抽检双面叠合剪力墙空腔内现浇混凝土密实度，合计抽检50个构件（面墙）。现场检测如图2-16所示。该项目灵活应用X射线检测法，并配合现场铅位图，实现了无损高效、清晰准确、成像连续等技术要求。

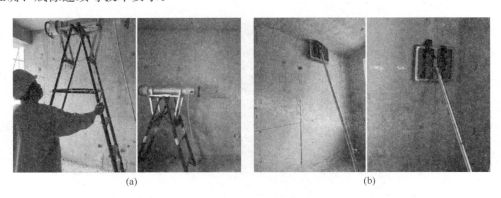

图 2-16　检测施工现场

（a）X射线机升降架；（b）平板探测器升降架

3. 木结构装配式建筑

相关专利库检索结果如图2-17所示，自2018年起，2018—2021年间木结构装配式建筑相关的公开发明专利数量每年保持着较高的数量水平，这与装配式建筑行业、绿色建筑及双碳目标相关政策的出台有着密不可分的关系。

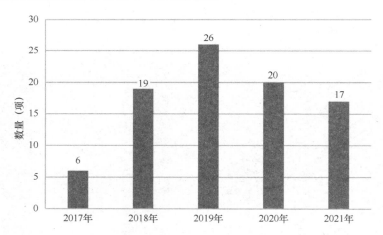

图 2-17　2017—2021年木结构装配式建筑相关的公开发明专利数量

编者选择公开时间为2017—2021年，对发明专利申请单位进行分析。其中，专利申请数量前10名单位如图2-18所示，木结构建筑专利的申请单位主要以高校为主，说明行业发展仍以理论为主，实际应用尚未大面积铺开。

根据相关专利库检索，并分析各领域木结构装配式建筑研究情况，结果如图2-19所

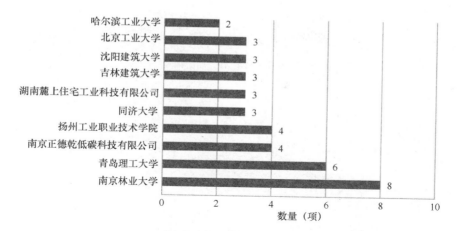

图 2-18　2017—2021 年木结构装配式建筑公开发明专利数量前 10 名的申请单位情况

示，木结构装配式建筑发明专利主要集中在低能耗墙体、钢-木复合构件、组合节点技术及节点抗震装置等方面。其中，木结构节点的装配化技术与木结构构件的复合材料技术是木结构装配式建筑发展的主要推动力。其次，为了更好地实现绿色建筑的目标，更多的节能技术已应用到木结构建筑中。

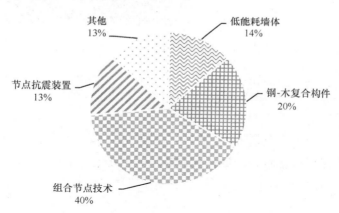

图 2-19　2021 年木结构装配式建筑相关公开发明专利的主题情况

下面对有代表性的木结构装配式建筑专利及其产业化运用情况进行简单介绍。

1）一种 PEC 墙[7]（公开号：CN 201910960220.1）

（1）专利概况

MPEC 木骨架保温装饰一体化外围护墙板（以下简称 MPEC）是由上海电气研砼建筑科技集团有限公司协同加拿大木业协会历时 5 年研发成功的。MPEC 的组成结构如图 2-20 所示，是具有轻质、保温、隔声、装饰等一体化功能的单元构件，在工厂进行生产制作，现场整体吊装。MPEC 外挂在主体结构外部，与结构之间采用干式连接，相对于主体结构有一定位移能力，是一种不承担主体结构所受荷载作用的非承重建筑外围护构件。

（2）产业化项目

中亿丰苏州城亿综合楼项目如图 2-21 所示，地上建筑面积为 5883m²，地上 4 层，建筑高度为 19.8m。其项目为达到超低能耗建筑、绿建三星和健康二星、建筑单体气密性 N50≤1.0 的要求，应用了新型材料组合的形式，预制装配率＞90％，其中非承重外围护墙部分为 MPEC 墙板。

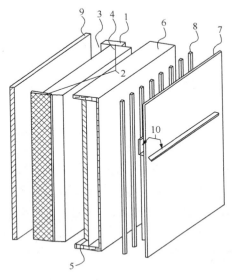

图 2-20　MPEC 墙专利示意图

1—SPF 板；2—墙体骨架；3—放置空间；
4—保温棉层；5—OSB 板；6—防水透气膜；
7—外饰面板；8—顺水条；9—耐火石膏板；
10—泛水板

图 2-21　中亿丰苏州城亿综合楼项目效果图

MPEC 从内到外由防火石膏板、140SPF（内填保温棉）、OSB 板、防水透气膜、120C 型钢檩条和水泥饰面板组合而成，并采用墙体内嵌电动遮阳百叶的形式，以满足建筑节能要求。如图 2-22 和图 2-23 所示，MPEC 的安装方式快速便捷，且墙体集成窗框和外饰面，

图 2-22　中亿丰苏州城亿综合楼项目实景照

图 2-23　MPEC 木骨架保温装饰一体化外围护墙板

使建筑外立面的整体统一性更好。

2）一种小型房屋用集成底盘[8]（公开号：CN 201910038451.7）

（1）专利概况

小型房屋用集成底盘技术是由小雨木屋所历时 7 年自主研发成功的。小型房屋用集成底盘为一种户外小型房屋预制拼装底盘，如图 2-24 所示。它可以在选定的场地内进行组合拼装，有效地缩短安装时间，并且可以实现房屋底盘承重、保暖、防潮、下水和固定的作用。利用集成底盘在工厂内预制成几大板块，可以解决户外小型房屋由非专业人员施工效率低、施工繁琐的问题。在工厂内反复测试检验后，可以有效地规避施工错误，降低房

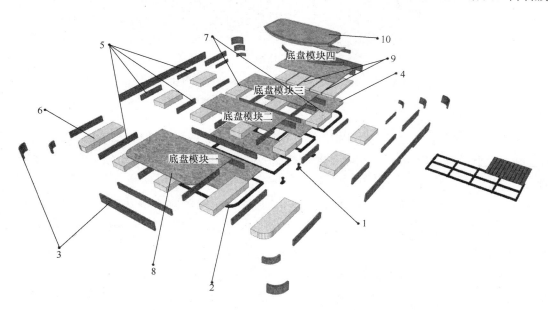

图 2-24　《一种小型房屋用集成底盘》专利示意图

1—钢托盘支座；2—钢托盘骨架；3—基础封边板；4—底盘下部 9mm 厚 OSB 板；5—底盘搁栅；6—保温棉；
7—水电管线分离；8—底盘上部 15mm 厚 OSB 板；9—卫生间搁栅及保温棉；10—卫生间集成底盘

屋底盘一次成型的返工率。

（2）产业化项目

小型预制装配式木质房屋（面包屋）项目总计划产能2000套/年。其项目由三部分构成：可快速安装的屋顶、可快速搭接的墙体和小型房屋用集成底盘，如图2-25所示，平均预制率高达95％。

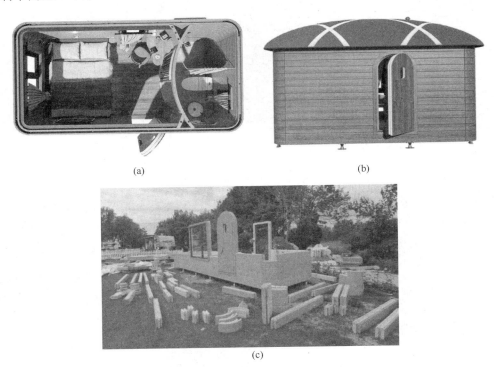

(a)   (b)

(c)

图 2-25 小型房屋用集成底盘和木质转角构件技术
（a）平面图；（b）立面图；（c）装配图

4. 装配式围护部品

装配式围护部品包括内、外围护部品。内围护部品包括玻璃隔断、木隔断墙、轻钢龙骨石膏板隔墙、蒸压轻质加气混凝土墙板、钢筋陶粒混凝土轻质墙板等装配式内隔墙板。外围护部品包括单元式幕墙（玻璃幕墙、石材幕墙、铝板幕墙、陶板幕墙）、混凝土外挂墙板、蒸压轻质加气混凝土外墙系统、GRC墙板等。本书按以上内、外围护部品定义范围作为"装配式围护"统计口径，进行的公开发明专利统计。

如图2-26所示，2017—2021年，与装配式围护部品有关的专利数量逐年上升，其中，2021年符合条件的新公开发明专利达到153项，比2020年82项增长86.59％。

从公开的发明专利发布单位看，2017—2021年发布数量较多的单位如图2-27所示。其中，金螳螂精装科技（苏州）有限公司5年内共发表40项装配式围护部品方面公开的发明专利，发布专利数量位列行业第一。

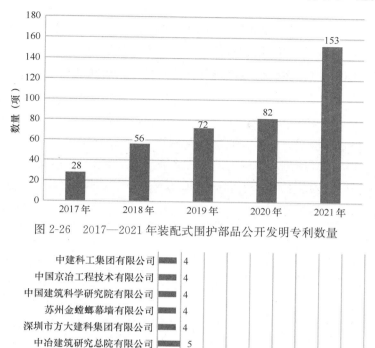

图 2-26　2017—2021 年装配式围护部品公开发明专利数量

图 2-27　2017—2021 年装配式围护部品领域公开发明专利发布单位数量排名

主要专利方向如图 2-28 所示，"装配式围护安装施工""内围护""外围护墙板""幕

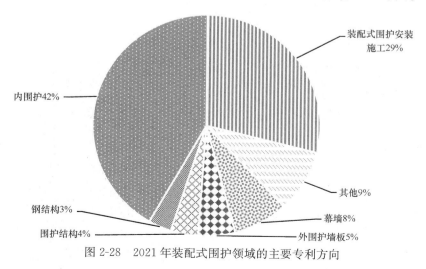

图 2-28　2021 年装配式围护领域的主要专利方向

墙""围护结构""钢结构"等关键词成为 2021 年装配式围护部品行业专利方面的主题。

下面对有代表性的钢结构装配式围护专利及其产业化运用情况进行简单介绍。

一种导热系数低的墙体保温隔热材料[9]（公开号：CN 202010343135.3）

（1）专利概况

如图 2-29 所示，本发明涉及一种导热系数低的墙体保温隔热材料，包括墙板架、安置架和支撑板。所述墙板架的内部两侧设置有隔热架，且隔热架的顶端连接有太空反射绝热涂料板；所述太空反射绝热涂料板的底端安置有填充岩棉物，且填充岩棉物的底端设置有膨胀珍珠岩板；所述膨胀珍珠岩板的底端连接有合并板，且合并板的底端设置有下面板；所述下面板的底端安置有安置架；所述安置架的底端设置有支撑板。本发明的有益效果是可使支撑板通过 T 形结构的保温组合块安置在凸架之间，有效地将支撑板卡合在凸架之间，利于使用者进行手动安置，也利于使用者进行填充。将多块保温隔热材料板组装填充，可以提高墙体材料的保温、隔热、耐久性。

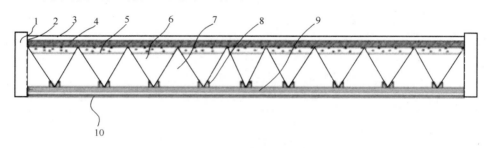

图 2-29　一种导热系数低的墙体保温隔热材料专利示意图

1—墙板架；2—隔热架；3—太空反射绝热涂料板；4—填充岩棉物；

5—膨胀珍珠岩板；6—合并板；7—下面板；8—凹槽；9—安置架；10—支撑板

（2）产业化应用

该专利已在利物浦大学太仓校区、南通美弘君兰天悦等 10 个项目上得以应用，应用方量超 10 万 m²。

5. 装配式装修

2017—2021 年装配式装修相关的公开发明专利如图 2-30 所示。数据显示，近年来装配式装修专利数量迅速增长，2017 年专利数量为 7 项，而 2021 年专利数量达到 229 项，约

图 2-30　2017—2021 年装配式装修相关公开发明专利数量

为 2017 年的 33 倍。

经统计分析近几年装配式装修相关的公开发明专利的申请情况，结果显示，金螳螂精装科技（苏州）有限公司申请的专利数量最多，总数为 103 项，如图 2-31 所示。可以看出，近几年装配式装修相关专利的申请单位以装修装饰行业的企业为主，并且有越来越多的企业参与到装配式装修相关的部品部件研发中来。

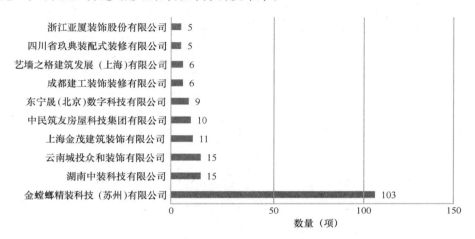

图 2-31　2017—2021 年装配式装修相关的公开发明专利申请单位统计

经统计分析，在 2021 年公开的发明专利中，与装配式装修相关的发明专利主题主要集中在装配式装修相关部品，如图 2-32 所示。其中，墙面、地面、天花占比 55.5%，管线与厨房卫浴各占比 8.4%，并且同时注重装配式装修系统与技术方法的研究与发展。

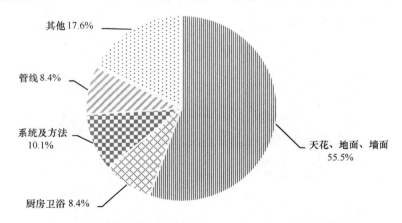

图 2-32　2021 年装配式装修相关的公开发明专利的主题

下面对有代表性的装配式装修专利及其产业化运用情况进行简单介绍。

1）地板安装支撑装置[10]（公开号：CN 215331192 U）

（1）专利概况

该专利由苏州柯利达装饰股份有限公司发明，提供一种地板安装支撑装置，属于地板架空施工技术领域。支撑组件包括支撑杆、斜撑杆、底座、上托板，利用多个支撑组件对安装的地板组件进行支撑，并且通过在相邻支撑杆之间连接斜撑杆，将各个支撑组件连接成一个整体，且彼此之间进行支撑，可以提高整体的稳定性，如图2-33所示。

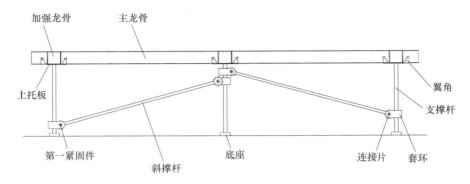

图 2-33 《地板安装支撑装置》专利示意图

（2）产业化项目

扬州绿城健康城项目如图2-34所示，建筑面积为124679m²，包含大型总部基地和健康住宅。该项目采用装配式装修基于SI体系的分离法，优化了各类界面构件的拆分、整体卫生间设计与装配式节点构造设计。

该项目的厨房及卫生间采用了铝蜂窝结构，通过聚氨酯玻璃纤维高温高压条件下复合瓷砖面层，卫生间采用整体防水底盘，厨房卫生间均采用干铺地面，如图2-34所示。

图 2-34 扬州绿地健康城效果图和现场图

2) 一种扣合式铝合金踢脚线[11]（公开号：CN 201922086779.4）

专利概况：该专利由上海宅创建筑科技有限公司发明，提供一种扣合式铝合金踢脚线，包括母扣和子扣两个组成部分。如图 2-35 和图 2-36 所示，该踢脚线通过母扣和子扣之间的扣合设计来简化施工方案。无论是先做墙还是先做地面，都可以完成墙压地的结构形式，并通过子扣的下端水平撑面与地面直接抵触，有效解决安装时地面不平的问题，以及墙板与地面相对位置问题。

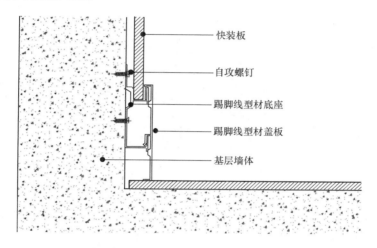

图 2-35　一种扣合式铝合金踢脚线节点详图

图 2-36　一种扣合式铝合金踢脚线安装效果图

2.1.2　桥梁工程

1. 总体情况

根据相关专利库检索结果，2017—2021 年间装配式桥梁公开发明专利数量的变化如

图 2-37 所示,据数据显示,近年公开发明专利的数量迅速增长,2017 年专利数量为 46 项,而 2021 年专利数量达到 244 项,约为 2017 年专利数量的 5 倍。其关键词主要为"施工方法""预制桥梁""预制构件固定连接"等。

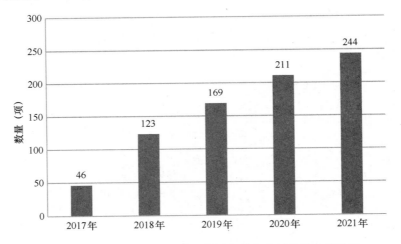

图 2-37　2017—2021 年装配式桥梁相关的公开发明专利数量

经统计分析 2017—2021 年公开发明专利的申请人,结果显示,中交第一公路工程局有限公司的专利数量最多,总数为 35 项,具体数据如图 2-38 所示。可以看出,近几年发表专利的主力以相关行业的公司/企业为主,并且各公司数量较为平均,有越来越多的企业参与到装配式桥梁的相关研发中来。

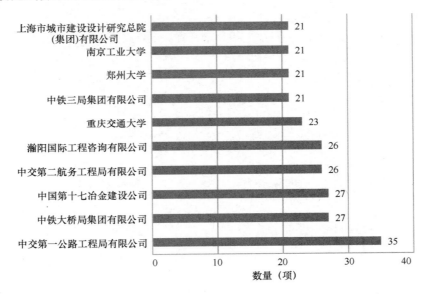

图 2-38　2017—2021 年装配式桥梁公开发明专利的申请人统计

2. 上部结构

2017—2021 年,题名中与"装配式桥梁"＋"桥梁预制"相关的公开发明专利共计

1269 项。2017—2021 年公开发明专利数量变化如图 2-39 所示，据数据显示，近年专利数量迅速增长，2017 年专利数量为 86 项，而 2021 年专利数量达到 255 项，约为 2017 年专利数量的 3 倍。其关键词主要为"施工方法""预制拼装""悬臂拼装""箱型拱肋"等。

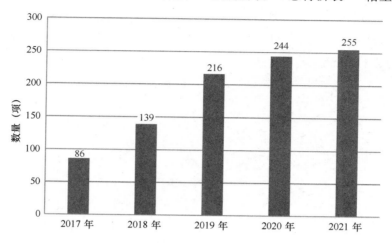

图 2-39　2017—2021 年装配式桥梁上部结构相关的公开发明专利数量

经统计分析近几年公开发明专利的申请人，结果显示，中国铁路设计集团有限公司专利数量最多，总数为 37 项，具体数据如图 2-40 所示。可以看出，近几年发表专利以公司和企业为主。

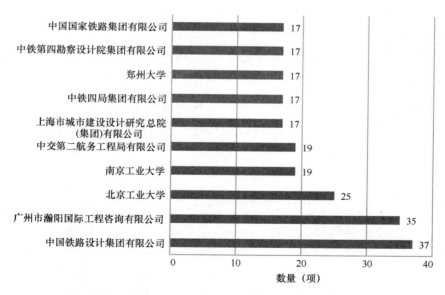

图 2-40　2017—2021 年装配式桥梁上部结构公开发明专利的申请人统计

下面对具有代表性的装配式桥梁上部结构公开发明专利进行描述。

一种节段预制梁结构及其拼装组合桥梁的施工方法[12]　**（公开号：CN 112458925A）**

本发明公开了一种节段预制梁结构及其拼装组合桥梁的施工方法，所述节段预制梁结构为 I 形梁，其包括直立的腹板、设置在腹板上侧的上翼缘以及设置在腹板下侧的马蹄；每段节段预制梁结构均包括一个中块件，两个端块件，以及至少为两块且对称分布在中块件与端块件之间的次中块件；各块件之间均通过组合式剪力键及预应力钢束纵向拼装连接。所述拼装组合桥梁的施工方法包括将节段预制梁结构拼装之后再吊装组合，在架桥机上分别拼装组合桥梁的主梁和侧梁，然后拼装预制横隔板和预制桥面底板，形成组合桥梁，示意如图 2-41 所示。

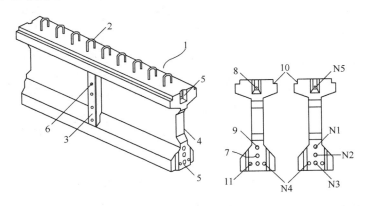

图 2-41　一种节段预制梁结构及其拼装组合桥梁的施工方法示意图

1—中块件；2—桥面板连接筋；3—中隔板；4—抗剪大键齿；5—定位键齿；6—横向钢束；7—预应力管道；8—辅助预应力管道；9—主预应力管道；10—凹台；11—副预应力管道；N1、N2、N3—主预应力钢束；N4—副预应力钢束；N5—辅助预应力钢束

3. 下部结构

2017—2021 年，题名中与"装配式桥梁"＋"桥梁预制"相关的装配式桥梁下部结构公开发明专利数量共计 426 项。2017—2021 年装配式桥梁下部结构相关公开发明专利数量的变化如图 2-42 所示。据数据显示，近年专利数量迅速增长，2017 年专利数量为 64 项，而 2021 年专利数量达到 243 项，约为 2017 年专利数量的 4 倍，目前桥梁装配式下部

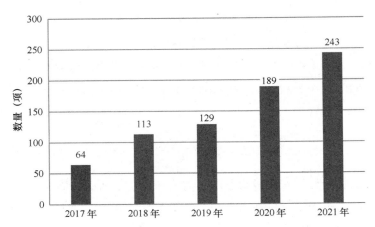

图 2-42　2017—2021 年装配式桥梁下部结构相关的公开发明专利数量

结构的相关公开发明专利正处于快速累积阶段。其关键词主要为"施工方法""预制桥墩""空心桥墩""强震区"等。

经统计分析近几年的公开发明专利的申请人，结果显示，北京工业大学申请的专利数量最多，总数为 45 项，具体数据如图 2-43 所示。与其他部分不同，近几年装配式桥梁下部结构方面发表专利的主力为高校，并且有越来越多的高校参与到桥梁下部结构预制相关的部品部件研发中来。

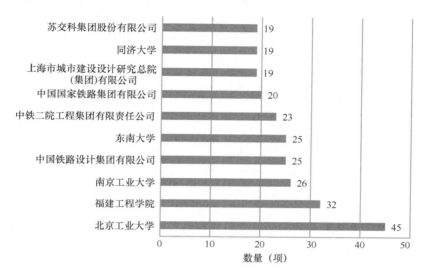

图 2-43　2017—2021 年装配式桥梁下部结构公开发明专利的申请人统计

下面对具有代表性的装配式桥梁下部结构公开发明专利进行描述。

一种用于预制多边形桥墩拼装定位的导向装置及设计方法[13]（公开号：CN 112081013A）

如图 2-44 和图 2-45 所示，本发明涉及一种用于预制多边形桥墩拼装定位的导向装置及设计方法，包括若干限位板组件，限位板组件与所述的桥墩连接，形成导向面；每块限

图 2-44　一种预制多边形桥墩拼装定位的导向装置

位板至少连接两个定位拉扣组件和两个定位顶扣组件，定位拉扣组件一端和定位顶扣组件一端通过螺栓连接限位板，定位拉扣组件另一端和定位顶扣组件另一端连接所述预埋钢筋。其优点在于采用组件式部件组合形成整体，方便现场运输、移动；利用结构本身预埋钢筋定位和承力，安装方便、装置轻巧；限位板竖向曲面形式形成的导向孔道上大下小，可容许施工过程桥墩定位偏差，降低施工难度；板件之间相互组合、限位孔横向可调，可对不同类型多边形预制桥墩有适应性。

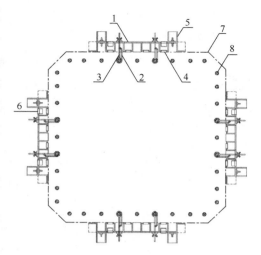

图 2-45　一种用于预制多边形桥墩拼装定位的导向装置示意图

1—限位板组件；2—定位拉扣组件；
3—定位顶扣组件；4—滑动组件；
5—辅助支架组件；6—移动组件；
7—桥墩；8—预埋钢筋

4. 连接方式

以公开日为依据，在相关专利数据库中进行检索分析，2017—2021 年题名与"连接方式"相关的公开发明专利共计 1192 项。2017—2021 年间公开发明专利数量变化如图 2-46 所示，据数据显示，装配式桥梁连接技术专利呈现快速积累的态势，近 5 年是形成专利的集中期，如图 2-47 所示。

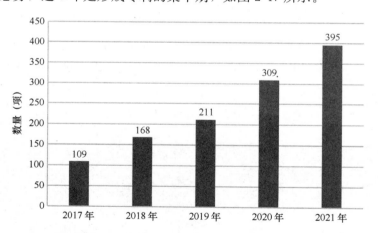

图 2-46　2017—2021 年装配式桥梁连接方式相关的公开发明专利数量

通过分析不同连接方式的公开发明专利数量，可以了解到，装配式桥梁连接技术方面的专利目前以锚固连接、自锁式、预应力筋连接、插槽式连接四大类的专利数量最为突出，其次是灌浆连接、灌浆金属波纹管连接和承接式连接。其他连接方式的相关专利较少。

下面对具有代表性的装配式桥梁连接方式公开发明专利进行描述。

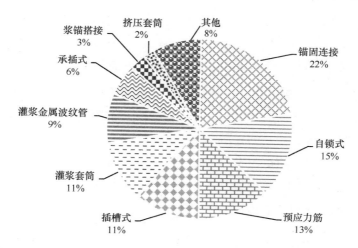

图 2-47　2017—2021 年装配式桥梁各连接方式公开发明专利占比示意图

1)　一种预制桥墩的双钢套筒承插连接结构及其施工方法[14]（公开号：CN 112176886 A）

如图 2-48 所示，本发明涉及桥梁建造与施工技术领域，尤其涉及预制桥墩的双钢套筒承插连接结构及其施工方法，包括预制承台，顶部设置有槽洞；承插钢筒，承插钢筒位于槽洞中间，且局部凸出于槽洞；波纹钢筒，固定设置在槽洞内壁；预制墩柱，部分设置在槽洞内，预制墩柱在槽洞内的部分，其外壁在竖直方向的截面为波浪形，预制墩柱底部设置有凹槽，承插钢筒部分位于凹槽内；高强度灌浆料，填充于槽洞与凹槽内。本发明中，承插钢筒作为凸榫插在预制承台和预制墩柱之间，可有效地增加连接结构的稳定性，增强约束，从而提高抗震性能，对预制墩柱与预制承台固定的高强度灌浆料处于承插钢筒与波纹钢筒之间，且波纹钢筒和预制墩柱接触面为波浪形，可以提高抗震性能。

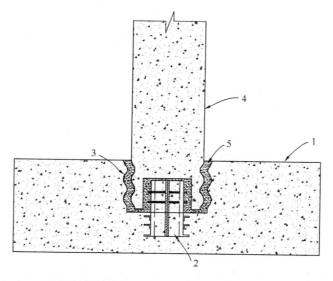

图 2-48　一种预制桥墩的双钢套筒承插连接结构及其施工方法示意图

1—预制承台；2—承插钢筒；3—波纹钢筒；4—预制墩柱；5—高强度灌浆料

2）一种装配式桥梁下部结构的新型连接装置[15]（公开号：CN 112267372 A）

如图 2-49 所示，本发明公开一种装配式桥梁下部结构的新型连接装置，涉及桥梁连接领域，所述底板的顶端固定设置第一减震橡胶层，底板的顶端正中设置蓄液池，蓄液池的顶端固定连接支撑连接装置，第一减震橡胶层的顶端固定连接保护支撑板，保护支撑板的底部突出部的顶端固定连接多个第一耗能弹簧，第一耗能弹簧的顶端固定连接下减震耗能板，下减震耗能板的前、后两端分别设置两个下铰接环，第二耗能弹簧的顶端固定连接上减震耗能板；同时，本发明在使用时，通过内部的耗能弹簧组合减速杆，消耗因桥梁运动而造成的形变产生的动能，可以保护连接装置本身，同时内部采用液体作为支撑主体，在其本身的热胀冷缩变化中能够保持更高的稳定性。

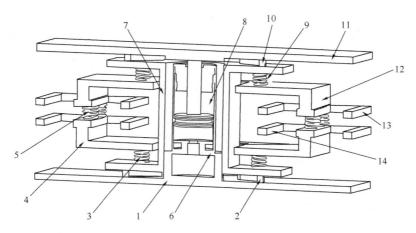

图 2-49　一种装配式桥梁下部结构的新型连接装置示意图

1—底板；2—第一减震橡胶层；3—第一耗能弹簧；4—下减震耗能板；

5—第二耗能弹簧；6—蓄液池；7—保护支撑板；8—支撑连接装置；

9—第三耗能弹簧；10—第二减震橡胶层；11—顶板；

12—上减震耗能板；13—上减速杆；14—下减速杆

如图 2-50 所示，连接方式专利拥有量较多的申请人主要有两类：一为公司类，包括中铁第四勘察设计院集团有限公司、上海市政工程设计研究院（集团）有限公司、中铁二院工程集团有限公司等；一类为大学类，包括长安大学、沈阳建筑大学、重庆交通大学等。总体而言，公司类连接方式专利拥有量更多。大学类的专利技术分支覆盖度略高于公司类申请人，主要是由于大学会针对更多的技术分支做一些尝试性研究，而公司类申请人可以选择在某些技术分支与大学合作，将一些专利成果更快地应用于实践中。

图 2-51 给出了国内装配式桥梁连接技术相关专利的有效性情况。可见，总体而言，该领域有效授权专利占比较高，达 50% 以上，数量达 1893 项。此外，审中状态的专利占该领域专利总量接近 20%，数量达 714 项，代表了新出现的一些技术成果或尝试性研究技术。另外，处于失效状态的专利约占该领域专利总量的三分之一。

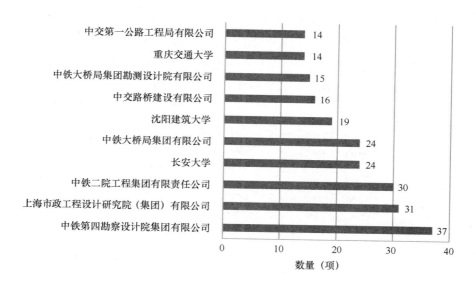

图 2-50 2017—2021 年装配式桥梁连接方式公开发明专利的申请人统计

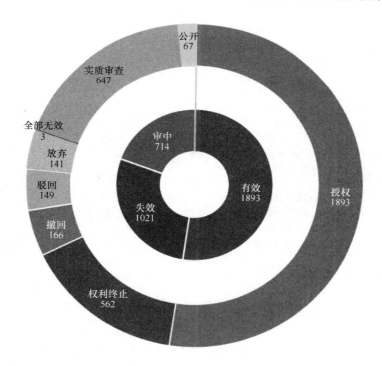

图 2-51 国内装配式桥梁连接技术相关专利的有效性情况

2.1.3 地下工程

编者使用中国相关数据库高级检索功能对 2017—2021 年间地下工程装配式建筑相关公开发明专利进行了检索分析。

首先分析预制装配式地下结构相关公开发明关专利的第一申请单位，图 2-52 为 5 年间主要申请单位的统计。由图可知，申请单位主要为工程设计单位和高校，申请数量大于等于 10 的申请单位有中铁第四勘察设计院集团有限公司（62）、沈阳建筑大学（37）、山东大学（28）、北京工业大学（27）、北京城建设计发展集团股份有限公司（12）、上海建工二建集团有限公司（10）。

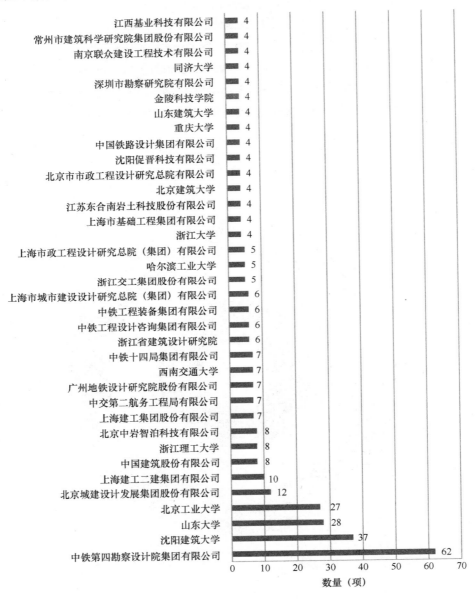

图 2-52　预制装配式地下结构相关公开发明专利申请单位统计

图 2-53 为 2017—2021 年间授权相关公开发明专利数量统计。由图可知，2017—2021 年间相关专利的申请数量逐步上升，其中，2017—2018 年增长率达到 50%，并于 2021 年

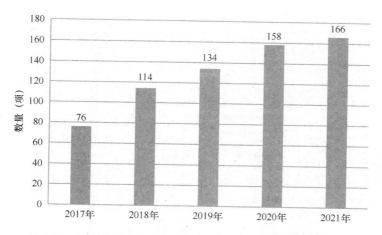

图 2-53　预制装配式地下结构相关公开发明专利申请数量统计

达到 166 项。可以看出，近几年来科研人员和设计人员对装配式地下结构相关技术的研究兴趣和投入逐步提高。

　　下面对相关公开发明专利的主题关键词进行统计。如图 2-54 所示，预制装配式地下结构专利方面，大部分集中于施工方法方面，相关研究大部分集中于预制装配式结构实际施工中的问题。针对不同的地下结构分类方面，预制装配式地下结构、地源热泵地下连续墙和预制地下连续墙等结构类型的预制装配化研究占主要部分。

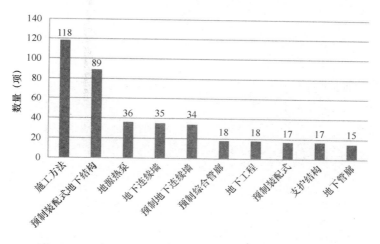

图 2-54　预制装配式地下结构相关公开发明专利主题统计

　　下面整合了 648 篇专利的摘要全文，对其进行词云统计。如图 2-55 所示，除"预制""装配式"等关键词之外，其他主要关键词由频率从高到低包括"连接""安装""连续墙""墙""板""柱""构件""预制件"等，即近几年地下结构相关公开发明专利申请主要围绕地下结构预制装配式墙、板、柱的连接方面开展。下文将在此分析的基础上选取相关典型公开发明专利进行深入分析。

　　在对地下工程预制装配式相关公开发明专利的申请单位、主题和摘要关键词进行

图 2-55　摘要全文词云统计

分析之后，以下将根据上述分析结果，选取若干项典型专利进行介绍，分别选取"地下连续墙""综合管廊""预制装配式结构""预制管环"为关键词，针对相关专利进行分析。

1. 一种榫卯式预制地下连续墙结构[16]（公开号：CN 215053071 U）

地下连续墙常用于超深、周边环境保护等级要求高的基坑，目前国内的地下连续墙主要采用现浇方式。现浇地下连续墙需要现场制作钢筋笼、浇筑水下混凝土并养护，具有对施工场地要求高、施工难度大、质量控制难以及施工工期长等弊端；并且，地下连续墙成槽过程和槽壁支护均采用泥浆，浇筑混凝土后，需将泥浆排出，需要处理产生的大量废泥浆，这样会造成严重的环境污染，增加成本，同时影响工程进度。

如图 2-56 所示，上海建工集团股份有限公司公开了一种榫卯式预制地下连续墙结构，它包括若干通过榫卯结构首尾连接的墙体单元，每个墙体单元包括由上而下安装的首节段墙体、中间段墙体和末节段墙体，所述首节段墙体、中间段墙体和末节段墙体均在墙体一侧设有榫头，墙体另一侧设有榫槽，所述首节段墙体及中间段墙体均在底部设有若

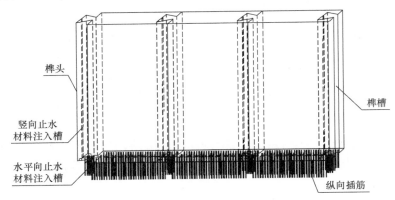

图 2-56　预制装配式地下连续墙

干纵向插筋，所述中间段墙体及末节段墙体均在顶部开设数个插筋孔，每个墙体单元的墙体间通过纵向插筋与插筋孔的配合实现连接。榫头的外侧、所述首节段墙体的底端、中间段墙体的顶端和底端、末节段墙体的顶端均开设有止水材料注入槽。本发明能够确保围护结构的止水可靠性、受力稳定性以及基坑的安全性，同时克服现浇方式高污染、长工期的缺点。

2. 地下综合管廊管片防水拼接结构及其安装方法[17]（公开号：CN 110241857 A）

随着基础建设的大规模投入，以及对环境、国防、交通容积等条件要求的提升，建设地铁隧道管廊已成为城建基础的首选。为防止自身产生裂缝或破坏，地下管廊管片拼接缝是一个非常重要的部位，如遇变形缝破坏、漏水，可能需要破坏大片刚性保护层，维修成本高、工期长，施工非常困难。如何保证管廊使用过程后牢固耐用、防水优越、易于施工、方便维修，是亟待解决的重要问题。

沈阳建筑大学公开发明了一种地下综合管廊管片防水拼接结构，如图 2-57 所示。该发明包括拼接槽，拼接槽内设有角钢垫层，角钢垫层上设有附加防水橡胶层；拼接槽内的两角钢垫层上侧设有可卸式止水件，可卸式止水件、防水橡胶层、角钢垫层通过螺母与固定钢脚一端的螺纹旋接紧固连接，并固定在拼接槽内；可卸式止水件下侧放置注胶导管，上侧放置封板板。本发明防水性能和受力性能好，维修方便；在拼接缝处安装可拆卸止水件，可保证及时更换；拼接处老化的防水构造；通过在拼接缝处预埋注胶导管，能够有效并快速地对拼接处缝隙进行封堵，有效保证修补质量，增强管片拼接处的防水性能。

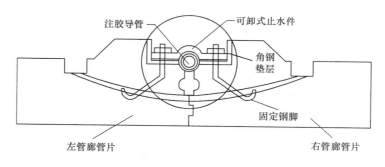

图 2-57　一种地下综合管廊管片防水拼接结构

3. 一种装配式地下结构接缝连接结构[18]（公开号：CN 214497604 U）

近年来，预制拼装地下结构在我国的地下结构建设中得到了广泛的应用，生产技术也取得了显著的进步。但我国预制拼装地下结构的设计、生产、施工等重点技术体系尚未成型，特别是作为预制拼装结构薄弱环节的接头问题还较多，地下结构的使用性能将会受到极大影响。因此，合理的连接接头构造是预制拼装综合管廊的关键技术环节。常规地下装配拼装接口上、下分块接缝位置采用通缝拼装，即各环预制构件纵缝对齐地拼装，这种拼法在拼装时定位容易、拼装施工应力小，但容易产生环面不平现象，并有较大累积误差，且接缝呈十字形相交，防水处理难度大。

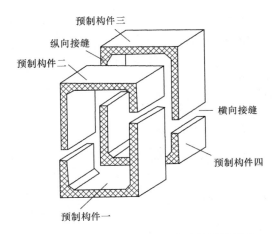

图 2-58 一种装配式地下结构接缝连接结构

如图 2-58 所示,中铁第四勘察设计院集团有限公司发明了一种装配式地下结构接缝连接结构,包括第一预制构件拼装环和第二预制构件拼装环,第一预制构件拼装环和第二预制构件拼装环沿纵向拼接,且拼接端面之间形成纵向接缝;第一预制构件拼装环和第二预制构件拼装环均包括上、下相对设置的两个预制构件,两个预制构件沿环向拼接,且拼接端面之间形成横向接缝;纵向接缝和横向接缝均通过承插接口连接,且横向接缝内间隔设置有多个加强措施;加强措施包括预埋于其中一个预制构件底部的预埋 H 型钢和固定于另外一个预制构件顶部的预埋凹槽钢板,预埋 H 型钢的底部伸至所述预埋凹槽钢板内,且预埋凹槽钢板内注入有浆液。

该发明通过在横向接缝内设置加强措施,加强横向接头的受力及连接,同时,相邻的预制构件拼装环在纵向采用错缝拼装,可以加强结构的整体受力性能,提高装配式构件的纵向刚度,减小接缝及结构整体变形,同时解决构件节点受力差及缝间漏水等问题。

4. 一种预制内置轻质填充体混凝土管环及预制方法[19]（公开号：CN 110685343 A）

如图 2-59 所示,同济大学公开了一种预制内置轻质填充体混凝土管环及预制方法,应用于采用预制拼装法施工的地下工程,包括管环骨架、设置在管环骨架内的轻质填充体以及分层浇筑成型的管环本体,管环骨架由多条环形主筋组成的骨架主体以及多条用以绑扎骨架主体的箍筋构成,轻质填充体设置在骨架主体与箍筋围成的环形空腔内,并通过挂钩固定在主筋上。与现有技术相比,该发明具有减小管环自身质量、增大预制管环尺寸、提高施工效率、节省原材料等优点。

该发明通过在混凝土管环中置入轻质填充体替换混凝土,得到预制内置轻质填充体混凝土管环;通过轻质填充体的精确定位,确保轻质填充体的置入不会对混凝土管环的承载力和耐久性产生影响,该发明可减小管环自身质量,增大预制管环尺寸,提高管环施工的便利性,有效提高施工效率,节省原材料,节约工程造价,降低资源损耗,实现绿色施工,减小环境影响。随着隧道开挖断面的增大,引起的荷载增大,管环厚度也将不断增大,因此,研发内置轻质填充体混凝土管环具有重要的理论意义

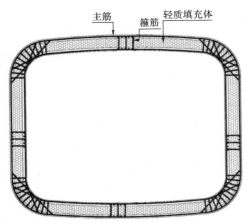

图 2-59 预制内置轻质填充体混凝土管环
的横断面结构图

和实践价值。

综上所述，近 5 年来地下工程预制装配式相关研究热度逐步上升，专利授权数量逐年稳步增长，相关研究集中于预制装配式地下结构的施工、预制装配式板、柱、墙的连接性能和施工技术方面，相关专利的授权也不断推动地下工程预制装配式结构的设计和施工水平的提高。

2.1.4　绿色建造

根据相关专利库检索结果，2017—2021 年的相关公开发明专利数量逐年增长，如图 2-60 所示。其中，2021 年新公开发明专利与 2020 年相比增长了 46.7%，近 5 年来的相关发明专利数量逐年增长（扫描二维码详见 2021 中国建筑工业化发展报告绿色建造专利合辑）。

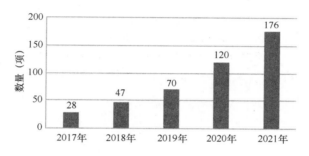

图 2-60　2017—2021 年绿色建造新公开发明专利数量

2017—2021 年期间，公开发明专利数量前 10 名的申请单位见图 2-61。以 2021 年为例，绿色设计、绿色建材、绿色施工、低碳建筑各方向发明专利数量分别为 11、55、61、49 项，其占比情况如图 2-62 所示。

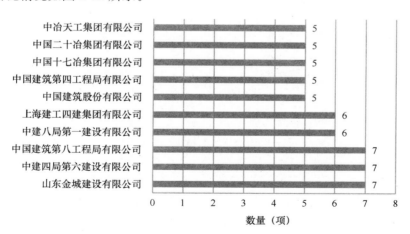

图 2-61　2017—2021 年绿色建造公开发明专利申请单位统计图

下面选取建筑工业化领域中有代表性的绿色建造公开发明专利进行简单介绍。

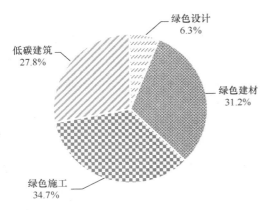

图 2-62　2021 年绿色建造各分类
方向公开发明专利占比情况

低碳建筑 27.8%
绿色设计 6.3%
绿色建材 31.2%
绿色施工 34.7%

1. 一种可拆装的箱式房设备层模块[20]（公开号：CN 214424126 U）

1）专利概况

江苏智建美住智能建筑科技有限公司（以下简称"智建美住"）公开了一种可拆装的箱式房设备层模块，在走廊箱式房上，可通过设置工厂预先制成的设备层，对大型设备进行安装；并且，可通过设置第一连接件和第二连接件，将设备层可拆装地安装在屋面结构上，实现了一箱多用以及重复利用设备层的目的。模块化箱房具有高度的可改造性，可满足多元设计规模，能够实现模块化管理，能够重复周转使用，减少资源浪费。当产品进入拆解回收阶段后，由于结构主体采用钢结构，可对产品进行拆解回收，减少其对环境的污染，且能降低碳排放量。装配式集成打包箱式房屋（模块化箱房）由屋面模块、地面模块、角柱、围护系统组成，如图 2-63 所示。

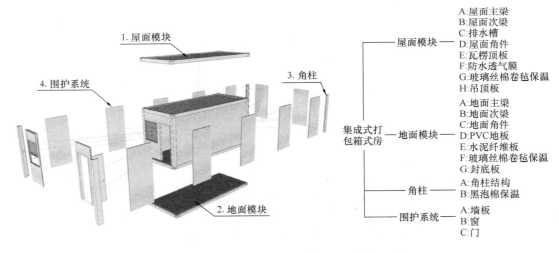

屋面模块
A:屋面主梁
B:屋面次梁
C:排水槽
D:屋面角件
E:瓦楞顶板
F:防水透气膜
G:玻璃丝棉卷毡保温
H:吊顶板

地面模块
A:地面主梁
B:地面次梁
C:地面角件
D:PVC地板
E:水泥纤维板
F:玻璃丝棉卷毡保温
G:封底板

角柱
A:角柱结构
B:黑泡棉保温

围护系统
A:墙板
B:窗
C:门

集成式打包箱式房

1. 屋面模块
4. 围护系统
3. 角柱
2. 地面模块

图 2-63　可拆装的箱式房组成结构

2）产业化概况

2021 年 9 月 16 日，智建美住位于江苏江阴的"智美云工厂"举行启用仪式，并正式投产，占地面积为 150 亩，投资不低于 20 亿元，年产能可达 10 万间，年销售额预计超 20 亿元。该工厂将主要生产模块化集成房屋建筑以及装配式建筑内配套智能产品，产品预制装配率 100%。"智美云工厂"车间内模块化房屋生产作业图如图 2-64 所示。

图 2-64　"智美云工厂"车间内模块化房屋生产作业图

2. 一种高强保温隔音石膏基自流平砂浆及其制备方法[21]　**（公开号：CN 112694343 A）**

1）专利概况

河南强耐新材股份有限公司提供了一种高强、保温、隔声的石膏基自流平砂浆及其制备方法，基于环保角度考虑，而采用石膏基材料。其制备方法为先将干粉料混合，然后与水拌和得到浆料，最后掺入聚苯颗粒，得到高强、保温、隔声、石膏基自流平砂浆。其干粉料包括下述组分：建筑石膏 70～90 份，水泥 5～10 份，粉煤灰 0～15 份，以及其他添加剂等。该石膏基自流平砂浆用料少，使地面厚度大幅减小，且该砂浆硬化快、无开裂，可有效解决传统地面系统保温节能效果和隔声效果差的问题。

2）产业化概况

河南强耐新材股份有限公司于 2015 年底开始深度研发可替代水泥的工业副产石膏高值化利用技术，先后斥资 1000 余万元用于石膏自流平、抹灰石膏的研发工作，现已完全掌握了石膏自流平和抹灰石膏的配方、生产工艺、施工工艺的全套技术与装备。该公司投资 8000 余万元在焦作市马村区建设"工业副产石膏高值化综合利用示范基地"，现已投产运行。迄今为止，该公司的石膏自流平产品已完成施工面积 500 余万 m^2，项目遍及河南、山东、山西、上海等地，得到市场和客户的广泛认可，在郑州 CBD 移动大厦项目工程的现场施工图如图 2-65 所示。

3. 一种用于免烧免蒸养锂渣制品的固化剂及其制备方法[22]　**（公开号：CN 109824295 A）**

1）专利概况

江西省建筑材料工业科学研究设计院提供了一种用于锂渣水泥混合物的固化剂及其制备方法。此固化剂可使掺少量水泥胶凝材料和大量锂渣的制品在自然养护条件下具有早期强度发展快、制品耐水性好、无需烧结或高温高压蒸汽养护等诸多优点。利用一种新型固化剂来将锂渣制备成免烧免蒸养制品，是一种大量处理锂渣的资源化利用途径——利用锂渣固废替代传统原材，变废为宝，实现资源的有效利用，且无需经过烧结或蒸养工序，可以简化制品生产工艺，实现清洁生产，符合绿色环保建材产品的相关要求。

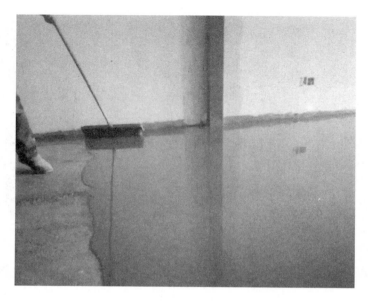

图 2-65　郑州 CBD 移动大厦项目工程的石膏自流平现场施工图

2）产业化概况

景德镇市龙溪富鑫环保科技公司与江西省建筑材料工业科学设计研究院、景德镇陶瓷大学合作，建成了国内百条年产 1.2 亿块免蒸免烧新型环保砖生产线，实现了对固体废弃物的超低能利用和零排放生产。该生产线主要生产仿古砖、承重混凝多孔砖、非承重混凝土空心砖、混凝土实心砖等。这种产品的特点是强度高、吸水率低、尺寸精确、耐久性好、物理性强度高于传统烧结砖的 3 倍以上，经国家及省、市等有关部门检测，所有指标完全合格。目前该产品已销售到安徽、湖南、湖北、福建、浙江、山东、广东等省，受到建筑行业从业者的普遍欢迎和青睐。其现场施工图如图 2-66 所示。

图 2-66　免蒸免烧新型环保砖现场施工图

2.1.5 智能建造

根据相关专利库检索结果可知，2021 年建筑工业化领域中智能建造方面的公开发明专利共计 680 项，比 2020 年增加 35％，2017—2021 年与智能建造相关的公开发明专利数量如图 2-67 所示，呈逐年稳定增长趋势。

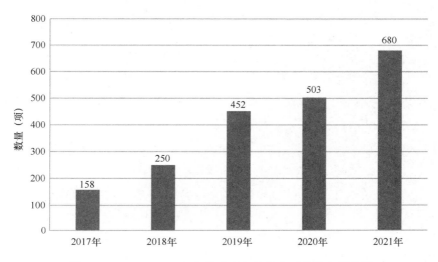

图 2-67　2017—2021 年智能建造相关的公开发明专利数量

统计 2017—2021 年间的 2043 项公开发明专利，有 1292 家企业或个人发布了公开发明专利，其中中国十七冶集团有限公司数量较多，为 59 项；其次为万翼科技有限公司（万科旗下），专利数为 45 项，具体数据如图 2-68 所示。其中，施工单位、科技型单位和高校三类机构专利申请公开得较多，处于申请头部热度机构。一方面，政府主动引导，给予它们大量的政策支持；另一方面，建筑业相关校企开始注意行业科技水平的研发，建筑业逐步向智能化、智慧化方向发展。

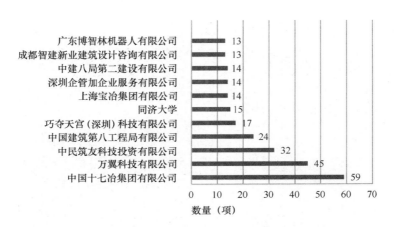

图 2-68　2017—2021 年智能建造公开发明专利申请单位统计图

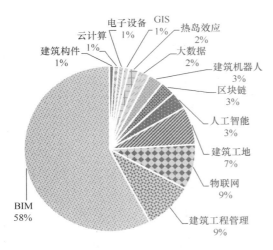

图 2-69　2017—2021 年智能建造
公开发明专利的研究主题分布

从统计情况来看，作为建筑智能建造的基础类技术，目前 58% 公开发明专利集中在装配式建筑的 BIM 应用方面，数量不足 2% 的研究主题包括"建筑构件""云计算""GIS""电子设备"。而其他行业技术在建筑领域的专利申请量也在逐年增加，如"物联网""云计算""人工智能""区块链""大数据""电子设备""GIS""建筑机器人"共计 416 项，占比 23%。专利主要关注建筑工程管理、施工方法的创新和变革，如图 2-69 所示。

下面选取有代表性的建筑智能建造专利及其产业化运用情况进行简单介绍。

1. 一种用于施工安全管理的可移动边缘计算摄像头系统和装置[23]（公开号：CN 202111573527. X)

1）解决问题

本发明借助太阳能和 4G 通信，开发了一种带有边缘计算装置的摄像头，可实现在无需外部供电供网的情况下针对施工现场存在的不安全行为进行智能化、自动化的监控和预警记录，同时可满足边缘端与云端低功耗的交互，多种算法的远程投递，以及装置设备长时间低功耗的运行。

2）实践应用

2021 年 12 月，于某地产某项目部署 2 台该可移动边缘计算摄像头装置，如图 2-70 所示，分别用于对监控范围内的安全帽佩戴情况及所设定的安全区的跨越情况的智能监控及

图 2-70　某智能化施工现场

事件触发警报。部署后 2 周内，总计发生未佩戴安全帽事件 217 次，喇叭提示后主动佩戴 48 次，安保人员有效制止 23 次。经过验证与对比，第 2 周事件发生次数（70）对比第 1 周事件发生次数（147）下降了 52%。

3）转换价值

本发明可降低施工现场安全管理的人力成本和管理难度，辅助提高施工现场管理效率，提升现场数据采集自动化程度和数据分析智能化水平。

2. 一种用于玻璃幕墙安全检测的机器人[24]　**（公开号：CN 202110678709.7）**

1）解决问题

本发明利用振动检测法开发了一种对既有玻璃幕墙进行现场检测的机器人，如图 2-71 所示。该机器人可携带力锤和加速度传感器，根据预设要求移动到指定位置，并完成自动敲击玻璃面板和采集存储振动波形的动作。机器人采集到的数据可在完成检测后导入计算机，从而分析判断玻璃面板的安全性。

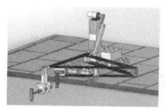
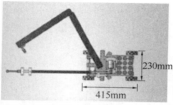
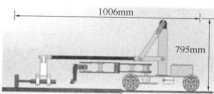

图 2-71　玻璃幕墙现场检测机器人展示

2）实践应用

该发明是利用机器人样机在 1.0m×1.5m 的玻璃面板上进行检测试验。玻璃四周用带螺栓的木框固定，可通过控制螺栓的松紧来模拟不同的紧固状态。机器人分别在紧固和松动的条件下进行试验。将采集到的数据导出到专门的信号分析软件中，通过分析，与玻璃面板四边紧固时相比，当存在松动时，其固有频率显著减小。在实际应用中，可通过机器人检测得到的固有频率来判断玻璃是否存在松动现象。

3）应用价值

提升既有玻璃幕墙安全检测的自动化水平，减少高处作业事故发生率、保障操作安全、降低人力成本、提升检测效率。

3. 施工进度的推荐方法、装置、计算机设备及可读存储介质[25]（公开号：CN 202110002618.1）

1）解决问题

目前对于施工进度的安排多为人工设计，这就要求工程人员必须有丰富的工程经验，能够统筹全局，有效分配工程资源，合理安排每一项任务。但实际上，人工设计或多或少会存在主观片面性，不利于工程进度的统一规范化管理，并且可靠性低、容易出错。本专利能够提供一种自动、合理地推荐施工进度任务安排的技术方案，以解决现有技术中存在的上述问题。

2）实践应用

该专利于2021年集成在斑马进度软件中进行全国推广使用，斑马进度软件目前已覆盖7000多家企业，约6万个工程项目。斑马进度软件的大数据智能推荐计划内容展示如图2-72所示。在2022年1~5月，约18%用户应用了智能推荐功能，并在用户调研中给予该专利好评推荐。2022年3月，于某住宅项目施工总控计划中应用了该专利，一个具备3年工作经验的技术员经过2天完成了从编制到通过项目的评审过程，评审效率相较于过去同类型项目耗时3~4天有明显提升。

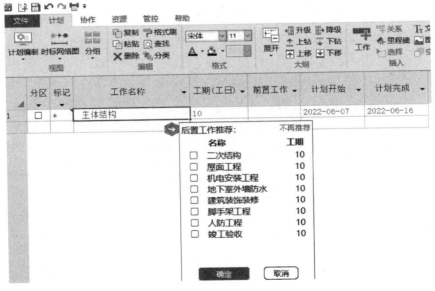

图 2-72 斑马进度软件的大数据智能推荐计划内容展示

3）应用价值

通过大数据智能推荐计划内容的应用，该专利预计可以提升计划编制的效率与质量。在编制效率方面，可以直接带来人工效率的提升。相对于常规方式，智能推荐可以将计划中工作内容的编制时间缩短30%~50%，节省人工，并且提高计划成果的交付速度。在计划编制质量方面，智能推荐能够减少计划编制过程中的工作漏项等常见问题，预计可以减少 30％左右的计划隐患风险。

4. 一种多目相机和线激光辅助机械臂跟踪目标的方法和装置[26]（公开号：CN 114378808 A）

1）专利概况

该视觉以及激光定位专利技术是由上海大界机器人科技有限公司自主研发出来的，该专利提供了一种多目相机和线激光辅助机械臂跟踪目标的方法，通过如下部分来实现：包括双目相机内外参数标定，线激光与机械臂位置关系标定，线激光与相机之间位置关系标定，双目相机拍摄目标得到初始点坐标，以及线激光跟踪扫描目标物体轮廓三维坐标。本专利可根据双目相机给定的初始目标点，将机械臂移动至初始位置，使得线激光传感器可以实时扫描到目标物体轮廓，可以精确得到目标物体轮廓的三维坐标，达到机械臂完成跟踪目标物体轮廓的目标，精度可达到毫米级别，易于得到机械臂需要行走的精确坐标，从而实现物件的精确定位，如图 2-73 所示。

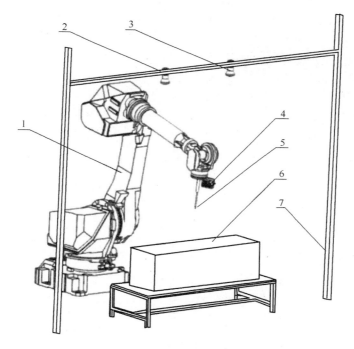

图 2-73 视觉跟踪原理

1—机械臂；2，3—双目相机；4—线激光；5—执行工具；6—测量物体；7—固定框架

2）产业化项目

深圳金鑫绿建股份有限公司为该案例实施所在地，客户需要集中批量绘制标有工件各坡口切割参数的图纸，从而缩短工艺员出图的时间。同时，传统工件定位方式需要人工示教，效率低下，容易出现人为因素造成定位偏差问题，影响加工精度。为此，公司希望采用机器人自动化加工，提高产能，降低出错率。

上海大界机器人科技有限公司提供的智能坡口切割解决方案，利用基于上述视觉以及激光定位专利技术研发的定位系统，不仅可以帮助客户快速响应生产制造节拍，而且满足小批量、多品种的碳钢板生产需求，有效实现了机器人在坡口切割领域的创新应用。

3）设备应用介绍

通过 ROBIM 软件批量导入二维数模，如图 2-74 所示，在软件内以三维视图方式选取需要进行切割的位置，并编辑坡口参数，可以大幅度简化工艺员在二维软件中对各个工件进行标注的工序。

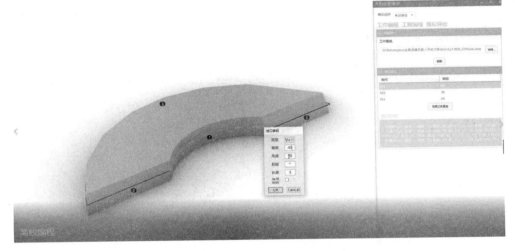

图 2-74　大界 ROBIM 导入软件界面

将设置好的参数文件导入 ROBIM 软件中，如图 2-75 所示，直接生成切割程序并联结机器人，实现全程自动化切割，避免了传统人工阅读图纸再进行切割所造成的效率低、出

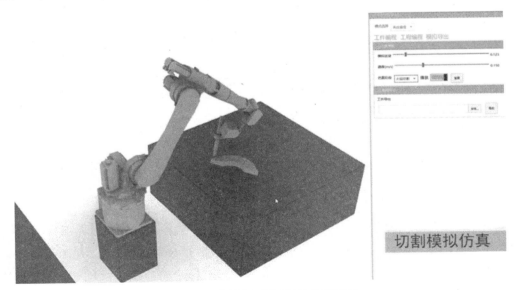

图 2-75　大界 ROBIM 运动仿真界面

错率高和切割质量不稳定等问题。

　　如图 2-76 所示，通过上海大界机器人科技有限公司基于视觉以及激光定位专利研发的视觉定位系统，可以精确地重构每个工件的实际尺寸，避免来料工件因前端下料产生的误差而影响切割质量。

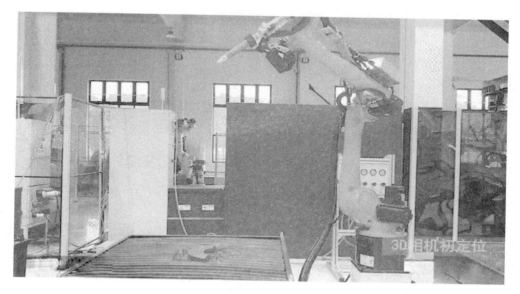

图 2-76　视觉相机以及激光定位

4）应用场景（图 2-77～图 2-79）

图 2-77　机器人坡口切割

53

图 2-78　机器人工厂加工现场

图 2-79　机器人坡口切割后的产品

2.2　新发表论文

2.2.1　建筑工程

1. 钢结构装配式建筑

图 2-80 和图 2-81 分别是在相关平台搜索到的 2017—2021 年钢结构装配式建筑方面硕博论文及期刊论文的发表情况。从论文发表数量来看，近几年专家学者对钢结构装配式建筑的研究保持着较高的研究热度。

对论文发表机构进行统计，2021 年发表硕博论文数量排名前 10 的机构见图 2-82。发表期刊论文数量排名前 10 的机构如图 2-83 所示。

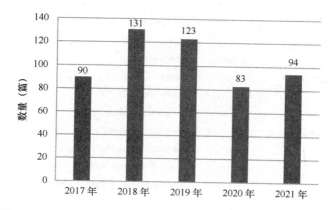

图 2-80　2017—2021 年钢结构装配式建筑主题硕博论文发表情况

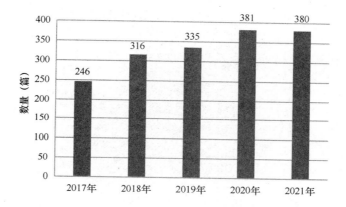

图 2-81　2017—2021 年钢结构装配式建筑主题期刊论文发表情况

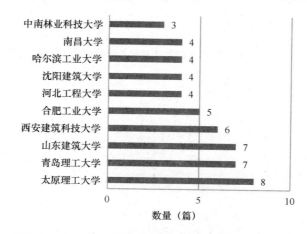

图 2-82　2021 年钢结构装配式建筑硕博论文发表情况

对 2021 年发表的硕博论文与期刊论文研究层次进行分析，根据文章标题将其分为"技术开发""技术研究""应用基础研究""工程研究""工程与项目管理""应用研究"以及"行业技术发展与评论"七个主题进行统计，得出各研究主题的数量分布情况，分别如图 2-84 和图 2-85 所示。

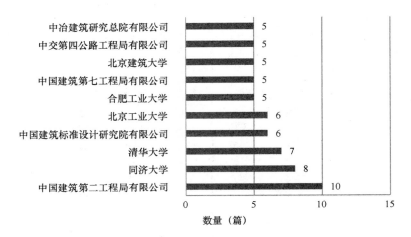

图 2-83　2021 年钢结构装配式建筑期刊论文发表情况

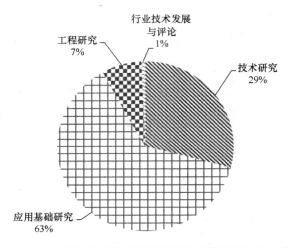

图 2-84　2021 年钢结构装配式建筑硕博论文研究层次占比分布图

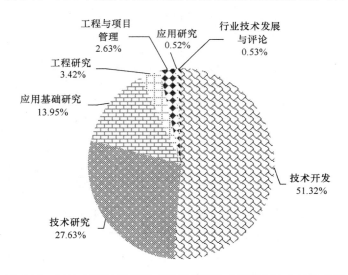

图 2-85　2021 年钢结构装配式建筑期刊论文研究层次占比分布图

2. 装配式混凝土建筑

2017 年以来，装配式混凝土建筑占新建建筑的比例逐年提升，众多专家学者对装配式混凝土建筑的研究领域主要集中在"装配式混凝土建筑结构体系""装配式混凝土生产施工工艺""装配式混凝土建筑环保节能""装配式混凝土安全成本管理"等方面。

2017—2021 年，主题为"装配式混凝土建筑"的硕博论文总计 226 篇，期刊总计 717 篇，分别如图 2-86 和图 2-87 所示，从数据分布来看，硕博论文和期刊论文分别在 2019 年和 2018 年达到数量顶峰，随后每年都在递减。

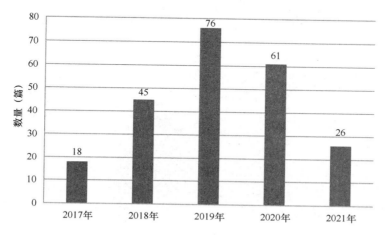

图 2-86　2017—2021 年与装配式混凝土建筑主题相关硕博论文情况

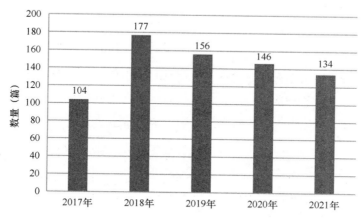

图 2-87　2017—2021 年与装配式混凝土建筑主题相关期刊论文情况

图 2-88 和图 2-89 分别体现的是 2021 年以及 2017—2021 年间，以"装配式混凝土建筑结构体系""装配式混凝土生产施工工艺""装配式混凝土建筑环保节能""装配式混凝土安全成本管理"四个方面为研究主题（部分论文包含多个研究主题），硕博论文及期刊论文的分布情况。从饼状图分布数据来看，无论期刊还是论文，专家学者对于装配式混凝土安全成本管理的研究热度最高，这也是装配式混凝土发展多年亟须解决的问题。

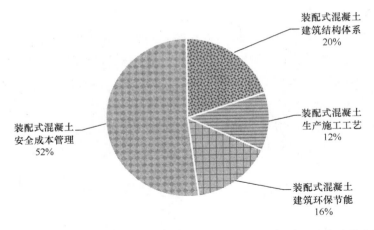

图 2-88　2021 年与装配式混凝土建筑四大主题相关的硕博论文占比分布图

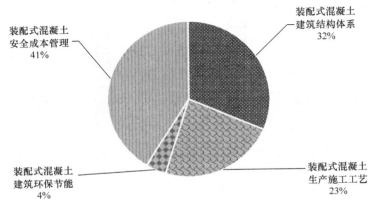

图 2-89　2017—2021 年与装配式混凝土建筑四大主题相关的硕博论文占比分布图

2021 年，各研究机构期刊主题中涉及"装配式混凝土"的论文数量如图 2-90 所示。从图中可以看出，中国建筑第二工程局有限公司在期刊论文数量上遥遥领先，而高校方面则是以青岛理工大学和同济大学的期刊论文数量较为靠前。

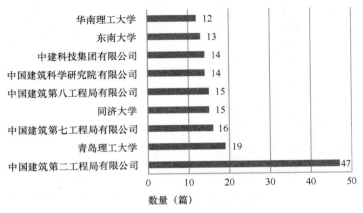

图 2-90　2021 年主题中涉及装配式混凝土的各研究单位期刊论文统计

2021 年，主题涉及"装配式混凝土"的硕博论文数量排名前三位的研究机构分别为安徽建筑大学、沈阳建筑大学、中国矿业大学，如图 2-91 所示。在"装配式混凝土"的硕博论文数量方面，建筑类高校占大多数，构成了研究装配式混凝土建筑和培养该领域相关人才的中坚力量。

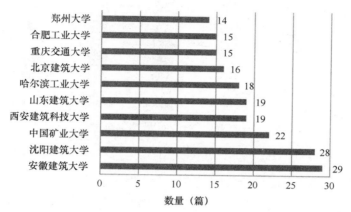

图 2-91　2021 年主题中涉及装配式混凝土的各研究机构硕博论文统计

通过以上对硕博论文数据的分析，可以获悉 2021 年在装配式混凝土建筑方面以同济大学及东南大学为首的高校研究机构，正在将研究重点聚焦于装配式混凝土建筑的安全管理、质量管理及成本控制等方面，以此来降低装配式建筑施工成本高等问题。而且，关于绿色施工、节能环保等研究课题的数量相较于以往也有大幅上升。而如装配式混凝土建筑结构体系及装配式混凝土生产施工工艺等传统的研究课题正在逐年减少，2021 年两者论文的总占比仅为 36%。

3. 木结构装配式建筑

编者以"木结构装配式"为主题在相关数据库中搜查相关学位、期刊论文等资料，得出 2017—2021 年木结构装配式建筑硕博论文和期刊论文的发表情况，分别如图 2-92 和图 2-93 所示。可见，木结构装配式建筑的研究整体保持平稳，表明木结构建筑行业的研究处

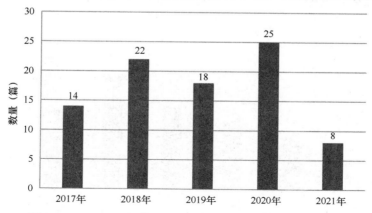

图 2-92　2017—2021 年木结构装配式建筑硕博论文发表情况

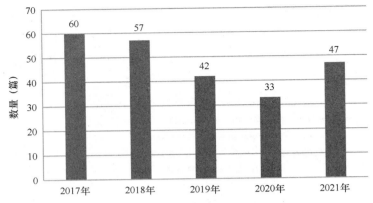

图 2-93　2017—2021 年木结构装配式建筑期刊论文发表情况

于稳定向前的状态。

2021 年发表的木结构装配式建筑相关论文的主题如图 2-94 所示。可以看出，在公开的 55 篇相关论文中，相关研究主要集中于"智能化加工与装配""新型连接节点""木质复合材料""外围护木结构墙板""模块建筑"等方面。其中，木结构的智能化加工与装配式建造技术是行业最热门的研究方向，其次是对木结构新型连接节点的研究，致力于突破传统木结构的结构节点承载能力与抗变形能力，拓宽木结构建筑的应用范围。

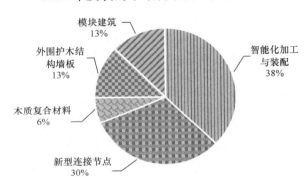

图 2-94　2021 年木结构装配式建筑论文的主题占比分布图

4. 装配式围护部品

2017—2021 年间装配式围护部品相关硕博论文、期刊论文共计发表 463 篇。其中，硕博论文 162 篇，如图 2-95 所示；期刊论文 301 篇，如图 2-96 所示。

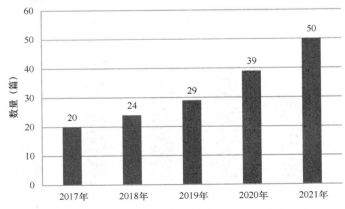

图 2-95　2017—2021 装配式围护部品硕博论文发表数量

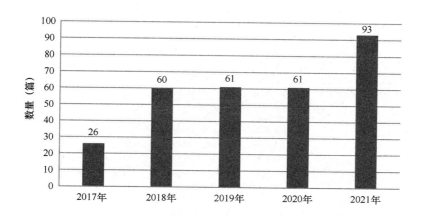

图 2-96　2017—2021 装配式围护部品期刊论文发表数量

其中，2021 年共发表硕博论文 50 篇，硕博论文主要发表单位如图 2-97 所示。2021 年共发表期刊论文 93 篇，期刊论文主要发表单位如图 2-98 所示。

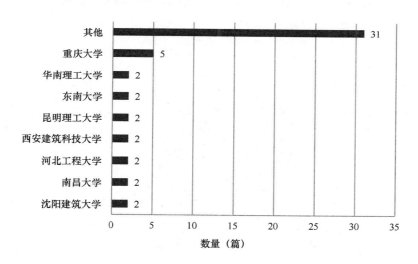

图 2-97　2021 年装配式围护部品硕博论文主要发表单位

如图 2-99 所示，在研究主题方面，装配式围护部品相关期刊论文主题主要集中在"绿色节能围护""一体化集成墙板"等方面；硕博论文如图 2-100 所示，主要集中在"绿色节能""热工性能"等方面。

5. 装配式装修

2017—2021 年与装配式装修相关的硕博论文、期刊共计发表 839 篇，其中硕博论文 232 篇，期刊论文 607 篇，分别如图 2-101 及图 2-102 所示。

2021 年共发表硕博论文 35 篇，期刊论文 130 篇，发表数量排名靠前单位分别如图 2-103 和图 2-104 所示。

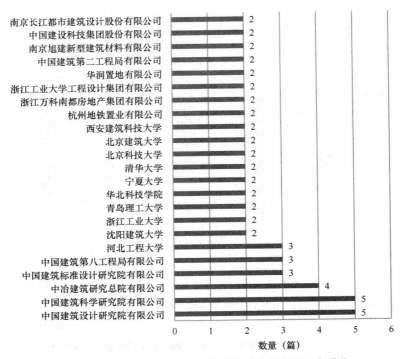

图 2-98　2021 年装配式围护部品期刊论文主要发表单位

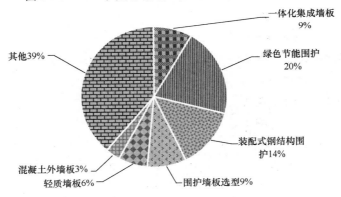

图 2-99　装配式围护部品期刊论文主题分布

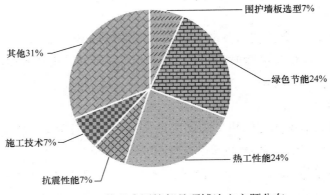

图 2-100　装配式围护部品硕博论文主题分布

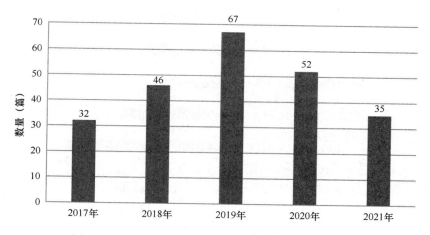

图 2-101　2017—2021 年装配式装修硕博论文发表数量

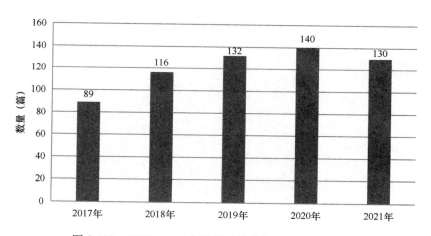

图 2-102　2017—2021 年装配式装修期刊论文发表数量

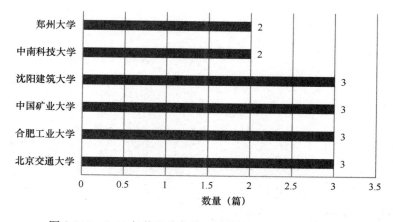

图 2-103　2021 年装配式装修硕博论文发表排名靠前单位

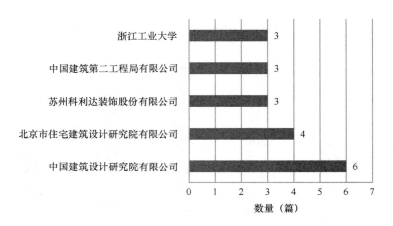

图 2-104　2021 年装配式装修期刊论文发表排名靠前单位

在研究主题方面，装配式装修的相关研究主要集中在"装配式装修住宅产业化""装配式装修 BIM 技术""装配式装修行业发展策略"等方面，硕博论文和期刊论文分别如图 2-105 和图 2-106 所示。

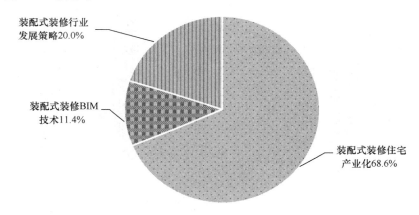

图 2-105　2021 年装配式装修硕博论文主题分布

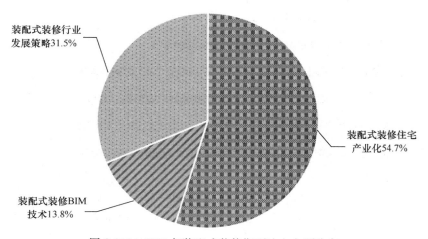

图 2-106　2021 年装配式装修期刊论文主题分布

各研究机构对于"装配式装修住宅产业化"方向的研究较其他主题研究要多，占据了关于装配式装修论文总数的 50％以上。装配式装修住宅方向的研究主要包括"装饰设计研究""内装部品研究""施工工艺及材料研究"等方面。

2.2.2　桥梁工程

1. 总体情况

在相关数据库中搜索到 2017—2021 年新增的装配式桥梁硕博论文和期刊论文数量分别如图 2-107、图 2-108 所示。

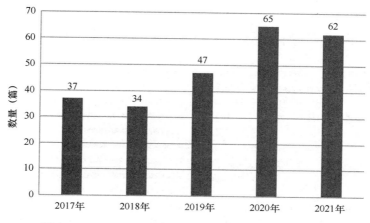

图 2-107　2017—2021 年装配式桥梁硕博论文发表情况

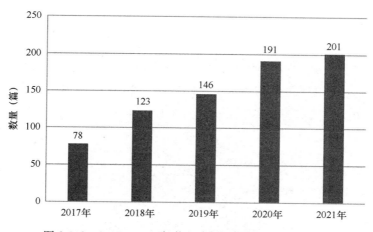

图 2-108　2017—2021 年装配式桥梁期刊论文发表情况

可以发现，2017—2021 年相关论文数量呈上升趋势，而在 2020—2021 年论文数量增幅减小。因总体论文样本数量较少，以下分析均以近 5 年相关论文为样本。近 5 年装配式桥梁的硕博论文和期刊论文发布机构数量情况统计分别见图 2-109 和图 2-110。

近 5 年发表的相关论文关键词主要是"预制拼装""预制构件""预制节段""桥梁施工""拼装施工"等。对近 5 年发表的硕博论文与期刊论文研究层次进行分析，根据文章

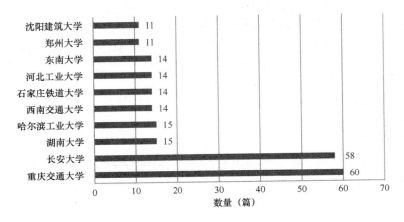

图 2-109　2017—2021 年装配式桥梁硕博论文发表前 10 名单位

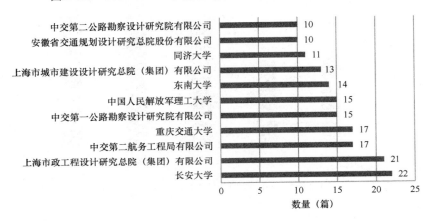

图 2-110　2017—2021 年装配式桥梁期刊论文发表前 11 名单位

标题将其分为"技术开发""技术研究""应用基础研究""工程研究"以及"其他"（包括工程与项目管理、行业技术发展与评论、开发研究—管理研究、应用研究—政策研究、学科教育教学、实用工程技术等）多个层次进行统计，得出的数量分布情况分别如图 2-111及图 2-112 所示。

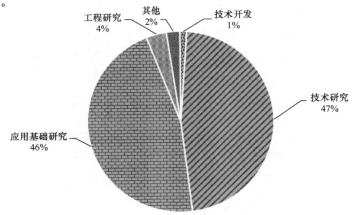

图 2-111　2017—2021 年装配式桥梁硕博论文研究层次比例

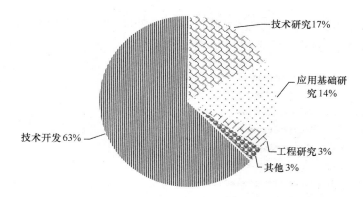

图 2-112 2017—2021 年装配式桥梁期刊论文研究层次比例

2. 上部结构

编者通过搜索与装配式桥梁上部结构相关的论文，统计得到 2017—2021 年新增的硕博论文和期刊论文数量，分别如图 2-113、图 2-114 所示。可以发现，2017—2020 年相关论文的数量呈上升趋势，而 2021 年硕博论文数量明显减少。

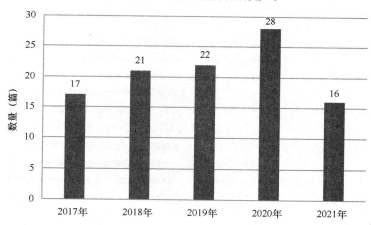

图 2-113 2017—2021 年装配式桥梁上部结构硕博论文发表情况

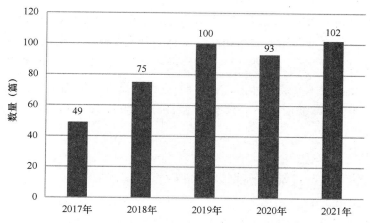

图 2-114 2017—2021 年装配式桥梁上部结构期刊论文发表情况

因总体论文样本数量较少,以下分析均以近 5 年相关论文为样本。近 5 年装配式桥梁上部结构的硕博论文和期刊论文发布机构数量情况统计分别见图 2-115 和图 2-116。

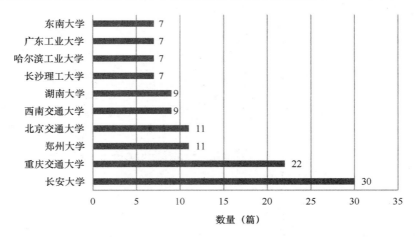

图 2-115　2017—2021 年装配式桥梁上部结构硕博论文发表前 10 名单位

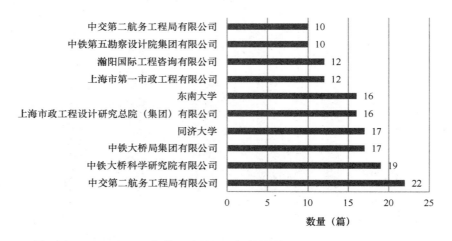

图 2-116　2017—2021 年装配式桥梁上部结构期刊论文发表前 10 名单位

近 5 年发表的相关论文关键词主要为"空心板梁桥""桥面板""有限元分析""横向分布系数"等。根据对近 5 年发表的硕博论文与期刊论文研究层次进行分析,根据文章标题将其分为"技术开发""技术研究""应用基础研究""工程研究"以及"其他"(包括工程与项目管理、行业技术发展与评论、开发研究-管理研究、应用研究-政策研究、学科教育教学、实用工程技术等)多个层次进行统计,得出数量分布情况分别如图 2-117 及图 2-118 所示。

3. 下部结构

编者通过搜索与装配式桥梁下部结构的相关论文,统计得到 2017—2021 年新增的硕博论文和期刊论文数量,分别如图 2-119、图 2-120 所示。可以发现,2017—2020 年装配式桥梁下部结构期刊论文数量呈上升趋势,而在 2021 年论文数量明显减少。

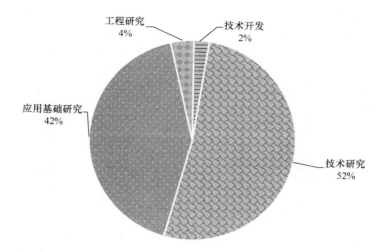

图 2-117　2017—2021 年装配式桥梁上部结构硕博论文研究层次比例

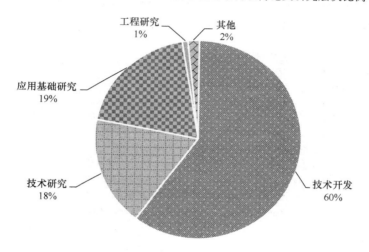

图 2-118　2017—2021 年装配式桥梁上部结构期刊论文研究层次比例

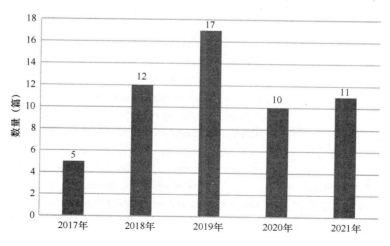

图 2-119　2017—2021 年装配式桥梁下部结构硕博论文发表情况

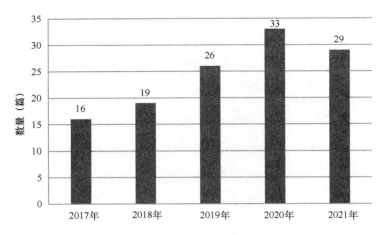

图 2-120 2017—2021 年装配式桥梁下部结构期刊论文发表情况

因总体论文样本数量较少，以下分析均以近 5 年相关论文为样本。近 5 年装配式桥梁下部结构的硕博论文和期刊论文发布机构数量情况统计分别见图 2-121 和图 2-122。

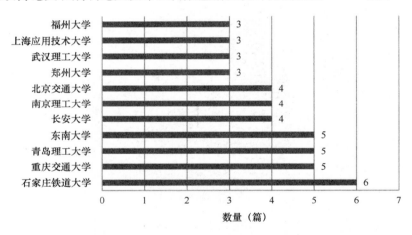

图 2-121 2017—2021 年装配式桥梁下部结构硕博论文发表前 11 名单位

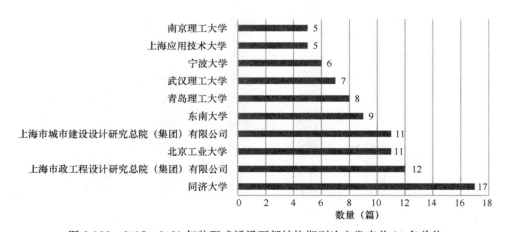

图 2-122 2017—2021 年装配式桥梁下部结构期刊论文发表前 10 名单位

近 5 年发表的相关论文关键词主要为"预制拼装桥墩""抗震性能""预制拼装""灌浆套筒"等。根据对近 5 年发表的硕博论文与期刊论文研究层次进行分析，根据文章标题将其分为"技术开发""技术研究""应用基础研究""工程研究""工程与项目管理"以及"其他"（包括行业技术发展与评论、开发研究-管理研究、应用研究-政策研究、学科教育教学、实用工程技术等）多个层次进行统计，得出的数量分布情况分别如图 2-123 及图 2-124 所示。

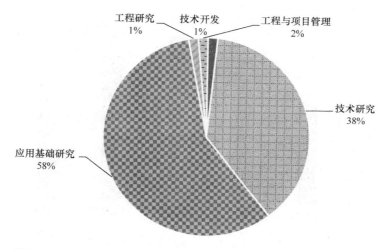

图 2-123 2017—2021 年装配式桥梁下部结构硕博论文研究层次比例

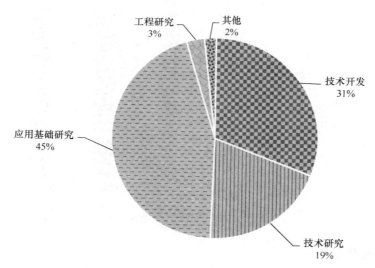

图 2-124 2017—2021 年装配式桥梁下部结构期刊论文研究层次比例

2.2.3 地下工程

编者在中国相关数据库高级检索中，以"预制＋装配"和"地下结构＋管廊＋车站＋隧道＋地铁"为主题，以"建筑科学与工程"为学科范围，搜索到 2017—2021 年新增的硕博论文和核心期刊论文，分别如图 2-125 和图 2-126 所示。可以发现，2018—2021 年期刊论文数量较为稳定，2021 年硕博论文数量有所降低。2021 年研究装配式地下结构的硕博论文和期刊论文发表单位数量情况统计分别见图 2-127 和图 2-128，其中同济大学发表的期刊论文最多，北京交通大学发表的硕博论文最多。2021 年装配式地下结构各分类方向在硕博论文和期刊论文中的占比情况分别见图 2-129 和图 2-130，其中，硕博论文主要集中在"地铁车站"方向，期刊论文主要集中在"综合管廊"和"地铁车站"方向。

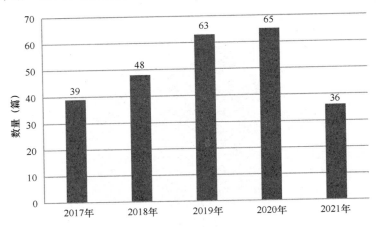

图 2-125 2017—2021 年装配式地下结构硕博论文发表情况

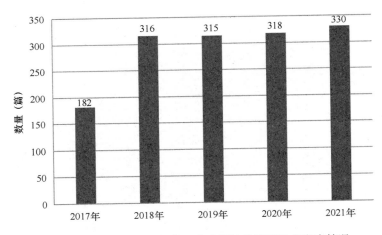

图 2-126 2017—2021 年装配式地下结构期刊论文发表情况

2.2.4 绿色建造

编者以"绿色建造"为主题，在相关数据库中搜索到 2017—2021 年新增的硕博论文和期刊论文情况，分别如图 2-131、图 2-132 所示。可以发现，2021 年与"绿色建造"主题相关的论文数量相较于 2020 年出现回落。

2021 年绿色建造的硕博论文和期刊论文发表单位数量情况统计分别如图 2-133 和图 2-134 所示，主要集中在各大高校。

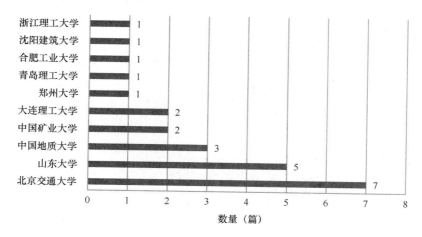

图 2-127　2021 年装配式地下结构硕博论文发表单位数量情况统计图

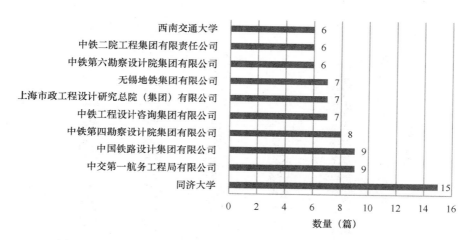

图 2-128　2021 年装配式地下结构期刊论文发表单位数量情况统计图

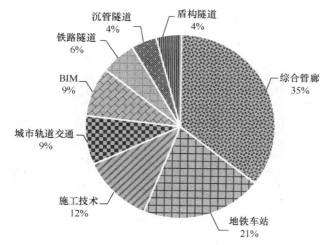

图 2-129　2021 年装配式地下结构各分类方向期刊论文占比情况

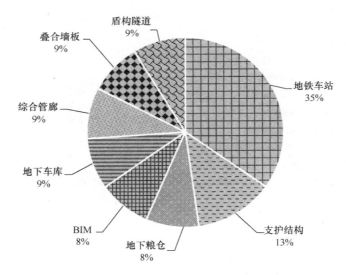

图 2-130　2021 年装配式地下结构各分类方向硕博论文占比情况

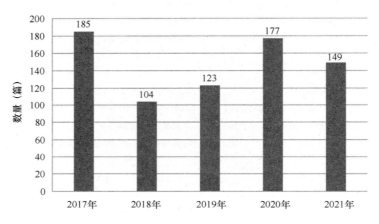

图 2-131　2017—2021 年绿色建造硕博论文发表情况

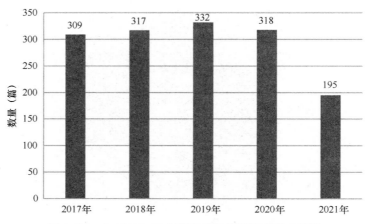

图 2-132　2017—2021 年绿色建造期刊论文发表情况

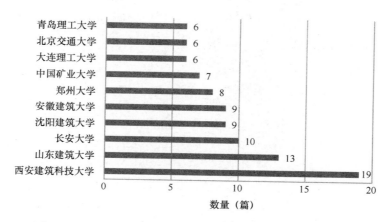

图 2-133　2021 年绿色建造硕博论文发表单位数量情况统计图

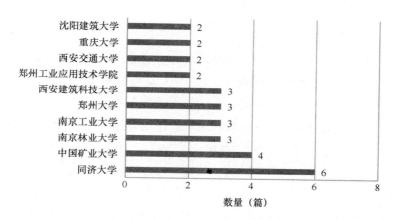

图 2-134　2021 年绿色建造期刊论文发表单位数量情况统计图

2021 年绿色建造各分类方向硕博论文和期刊论文占比情况，分别如图 2-135 和图 2-136 所示。其中，硕博论文主要集中在"绿色设计"以及"绿色建材"方向，期刊论文主要集中在"绿色建材"方向。

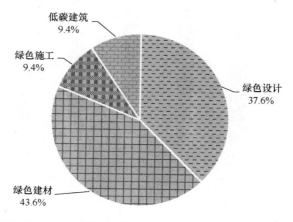

图 2-135　2021 年绿色建造各分类方向硕博论文占比情况

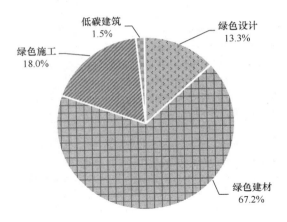

图 2-136　2021 年绿色建造各分类方向期刊论文占比情况

2.2.5　智能建造

智能建造是国家战略方向，全国各地纷纷开展"智能建造三年行动计划"。从 2017 年同济大学率先开设智能建造课程，到现在一共 73 家高校落地相关课程，且有越来越多的学校踊跃申请，高校正不断为智能建造行业的发展输送人才。

在智能建造领域论文方面，以《住房和城乡建设部等部门关于推动智能建造与建筑工业化协同发展的指导意见》（以下简称"智能建造发展意见"）中"BIM""互联网""物联网""大数据""云计算""移动通信""人工智能""区块链""建筑机器人"为关键词，以"建筑"为篇关摘进行搜索，根据 2017—2021 年的新公开专利在相关数据库中进行硕博论文搜索。2021 年，智能建造方面的硕博论文共计 318 篇，如图 2-137 所示。由于硕博论文需要一定时间的积累，所以近些年来发表数量比较平稳。但随着各校智能建造专业课程不断开展，预计未来几年硕博论文将会形成爆发趋势。

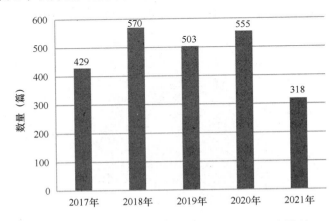

图 2-137　2017—2021 年智能建造硕博论文发表情况

近 5 年，在相关数据库中统计的 2757 篇论文中，论文主要研究方向集中在"BIM""优化研究""装配式建筑"上，BIM 相关主题占比高达 71%。其他研究方向包括"物联

网""大数据""GIS"等如图 2-138 所示。一方面，国家政策催燃的智能建造市场将会与
更多行业交汇，使智能建造技术得以落地，优良的研发生态也会孵化更多成果，创造产业
化机遇；另一方面，BIM 作为智能建造设计与施工的基础，近年来得到了较为充分的
研究。

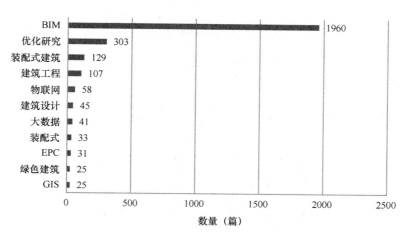

图 2-138　2017—2021 年智能建造硕博论文研究方向情况

因 BIM 相关硕博论文研究较多，对相关数据库公开 BIM 类研究的 1066 项次级主题进
行了整理分析，如图 2-139 所示。在大环境上 BIM 主要研究方向为技术开发和工程应用，
在 2017—2021 年前 10 篇高引用量的智能建造相关论文上，有 8 篇也是 BIM 技术开发和工
程应用，大量的研究论文不断地丰富着 BIM 行业，作为智能建造的新型技术也是基础技术，
BIM 技术在未来仍有很大的发展前景。

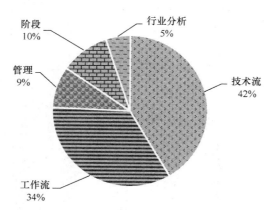

图 2-139　2017—2021 年智能建造硕博论文 BIM 类次级
主题研究方向占比情况

如图 2-140 所示，根据相关数据库中 2021 年学院受理单位完成的 987 篇硕博论文情况来
看，西安建筑科技大学在智能建造硕博论文完成数量较多，高达 83 篇。在 BIM 研究为主的
大环境下，大部分省会头部高校对于智能建造方面的研究和探索同样集中在 BIM 领域。

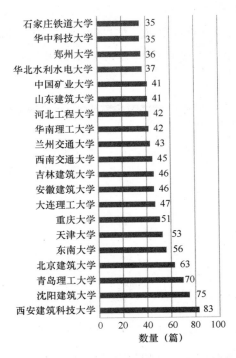

图 2-140　2021 年各高校发布智能建造硕博论文数量情况

　　编者以"智能建造发展意见"中"BIM""互联网""物联网""大数据""云计算""移动通信""人工智能""区块链""建造机器人"为关键词,以"建筑"为篇关摘在相关数据库中进行检索,数据库来源包括 SCI 来源期刊、EI 来源期刊、北大核心、CSSCI、CSCD,2017—2021 年智能建造相关论文期刊总计 883 篇。从图 2-141 所示的数据分布来看,期刊论文发表数量存在逐年增加的现象,2021 成为了论文期刊发表热度最高的一年,比 2018 年增长了 33.6%。

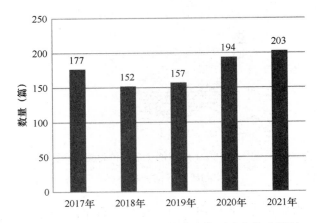

图 2-141　2017—2021 年智能建造期刊论文发表情况

与论文相一致的情况是，期刊发表的研究方向依旧集中在"BIM"与"BIM 技术"（统称"BIM 技术"），占总数的 79％，其他领域如"物联网技术""项目管理"等占比不足 2％。智能建造仍属于建筑业的蓝海，有大量交叉的专业和技术有待进一步的探究，见图 2-142。

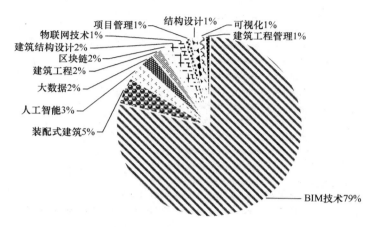

图 2-142　2017—2021 年智能建造相关期刊论文研究方向占比情况

其中，在相关数据库中查询以 BIM 类研究方向的 243 项次要主题，工作流如"深化设计""建筑信息模型""预制构件""碰撞检查"等占比较多，达到 61％，如图 2-143 所示。其总体数据分布情况与论文相近。

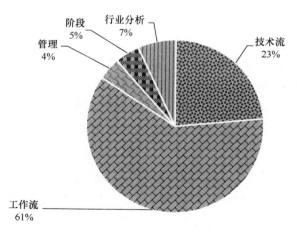

图 2-143　2017—2021 年智能建造相关期刊论文
BIM 研究方向占比情况

如图 2-144 所示，从 2021 年智能建造期刊论文发表单位来看，同济大学发表 48 篇居首，对比而言，期刊论文相比硕博论文发表较快，作为首批智能建造试点课程的学校，同济大学在智能建造相关方向研究较多。

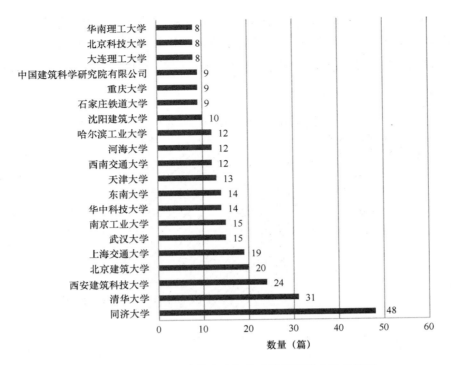

图 2-144 2021 年各院校发表智能建造期刊论文数量情况

2.3 新技术标准

2.3.1 建筑工程

1. 钢结构建筑新技术标准

在市场主导、政府推动的基本原则下，全国各地积极制定政策措施，逐步健全技术标准体系，有效推动了装配式建筑的快速发展。2021 年我国共颁布 25 部钢结构相关标准，见表 2-1。

2021 年颁布的钢结构建筑相关标准

表 2-1

序号	标准编号	标准名称	标准类型
1	GB 55006—2021	钢结构通用规范	国家标准
2	GB/T 20933—2021	热轧钢板桩	国家标准
3	GB/T 28907—2021	耐硫酸露点腐蚀钢板和钢带	国家标准
4	GB/T 39754—2021	波纹管用热镀层钢板及钢带	国家标准
5	GB/T 40282—2021	结构级和高强度双辊铸轧热轧薄钢板及钢带	国家标准
6	GB/T 40383—2021	商品级双辊铸轧热轧碳素钢薄钢板及钢带	国家标准
7	GB/T 40871—2021	塑料薄膜热覆合钢板及钢带	国家标准

续表

序号	标准编号	标准名称	标准类型
8	T/CECS 804—2021	钢结构中心支撑框架设计标准	协会标准
9	T/CECS 912—2021	装配式钢结构建筑工程总承包管理标准	协会标准
10	T/CECS 944—2021	箱板钢结构装配式建筑技术标准	协会标准
11	T/CECS 954—2021	装配式冷弯薄壁型钢结构建筑施工质量验收标准	协会标准
12	T/CECS 977—2021	装配式钢结构地下综合管廊工程技术规程	协会标准
13	T/CECS 10146—2021	复杂卷边冷弯型钢	协会标准
14	T/CECS 926—2021	桁架加劲多腔体钢板组合剪力墙技术规程	协会标准
15	T/CECS 883—2021	波纹钢综合管廊结构技术标准	协会标准
16	T/CSCS 012—2021	多高层建筑全螺栓连接装配式钢结构技术标准	协会标准
17	T/CSCS 016—2021	钢结构制造技术标准	协会标准
18	T/CSPSTC 65—2021	装配式建筑钢结构 BIM 模型分类与编码	协会标准
19	YB/T 4900—2021	绿色设计产品评价技术规范 热轧 H 型钢	行业标准
20	YB/T 4906—2021	热轧型钢轧辊	行业标准
21	YB/T 4932—2021	热轧型钢磁粉检测方法	行业标准
22	DB34/T 3946—2021	钢板桩基坑支护技术规程	地方标准
23	DB34/T 3953—2021	装配式钢结构预制墙板应用技术规程	地方标准
24	DB42/T 1716—2021	帽型钢板桩与 H 型钢组合结构应用技术规程	地方标准
25	DB11/T 1845—2021	钢结构工程施工过程模型细度标准	地方标准

2. 装配式混凝土建筑

2021 年颁布的装配式混凝土建筑相关标准有 23 部，详见表 2-2。其中，推荐性国家标准 1 部，行业标准 1 部，协会标准 9 部，地方标准 12 部。

2021 年颁布的装配式混凝土相关标准　　　　　表 2-2

序号	标准编号	标准名称	标准类型
1	GB/T 40399—2021	装配式混凝土建筑用预制部品通用技术条件	国家标准
2	JG/T 578—2021	装配式建筑用墙板技术要求	行业标准
3	T/CECS 915—2021	装配式空心板叠合剪力墙结构技术规程	协会标准
4	T/CECS 893—2021	装配式混凝土结构设计 P-BIM 软件功能与信息交换标准	协会标准
5	T/CECS 852—2021	装配式混凝土钢丝网架板式建筑技术规程	协会标准
6	T/CECS 841—2021	装配式混凝土建筑工程总承包管理标准	协会标准
7	T/CECS 809—2021	螺栓连接多层全装配式混凝土墙板结构技术规程	协会标准
8	T/CECS 10130—2021	预制混凝土构件工厂质量保证能力要求	协会标准
9	T/CECS 43—2021	装配式混凝土框架节点与连接设计标准	协会标准
10	T/CCES 23—2021	装配式多层混凝土墙板建筑技术规程	协会标准
11	T/CCES 6003—2021	预制混凝土构件用金属预埋吊件	协会标准

序号	标准编号	标准名称	标准类型
12	DB34/T 3958—2021	装配式钢-混叠合柱框架结构技术规程	地方标准
13	DB34/T 3830—2021	装配式建筑评价技术规范	地方标准
14	DB34/T 3822—2021	盒式螺栓连接多层全装配式混凝土墙-板结构技术规程	地方标准
15	DB34/T 1874—2021	装配式混凝土住宅设计标准	地方标准
16	DB11/T 968—2021	预制混凝土构件质量检验标准	地方标准
17	DB11/T 1831—2021	装配式建筑评价标准	地方标准
18	DB11/T 1030—2021	装配式混凝土结构工程施工与质量验收规程	地方标准
19	DB23/T 2801—2021	热再生沥青混合料预制构件施工技术规范	地方标准
20	DB32/T 4075—2021	装配式混凝土结构预制构件质量检验规程	地方标准
21	DB32/T 3968—2021	模块装配式剪力墙结构应用技术规程	地方标准
22	DB32/T 4169—2021	预制装配式自复位混凝土框架结构技术规程	地方标准
23	DBJ46—058—2021	海南省装配式混凝土预制构件生产和安装技术标准	地方标准

3. 木结构装配式建筑

2021 年颁布的木结构建筑相关标准共计 3 部，如表 2-3 所示。

2021 年颁布的木结构建筑相关标准 表 2-3

序号	标准编号	标准名称	类型
1	GB 55005—2021	木结构通用规范	国家标准
2	T/CECS 807—2021	建筑木结构用防火涂料及阻燃处理剂应用技术规程	协会标准
3	DB13/T 5334—2021	木结构古建筑勘察规范	地方标准

4. 装配式围护

2021 年颁布的装配式围护相关标准共计 30 部，其中国家标准 1 部，协会标准 15 部，行业标准 4 部，地方标准 10 部，如表 2-4 所示。

2021 年颁布的装配式围护相关标准 表 2-4

序号	标准编号	标准名称	标准类型
1	GB/T 40715—2021	装配式混凝土幕墙板技术条件	国家标准
2	T/HPBA 1—2021	预制混凝土外墙接缝密封防水技术标准	协会标准
3	T/CECS 970—2021	建筑幕墙安全性评估技术标准	协会标准
4	T/CECS 962—2021	超大尺寸玻璃幕墙应用技术规程	协会标准
5	T/CECS 960—2021	建筑隔墙用工业副产石膏条板应用技术规程	协会标准
6	T/CECS 929—2021	纸蜂窝复合墙板应用技术规程	协会标准
7	T/CECS 907—2021	轻质隔墙板技术规程	协会标准
8	T/CECS 878—2021	装配式保温装饰一体化混凝土外墙应用技术规程	协会标准
9	T/CECS 877—2021	发泡陶瓷外墙挂板应用技术规程	协会标准
10	T/CECS 863—2021	既有幕墙维护维修技术规程	协会标准

续表

序号	标准编号	标准名称	标准类型
11	T/CECS 816—2021	装配式混凝土砌块砌体建筑技术规程	协会标准
12	T/CECS 811—2021	建筑门窗玻璃幕墙热工性能现场检测规程	协会标准
13	T/CECS 806—2021	建筑幕墙防火技术规程	协会标准
14	T/CECS 10164—2021	建筑隔墙用工业副产石膏条板	协会标准
15	T/CECS 10154—2021	陶粒发泡混凝土一体化墙板	协会标准
16	T/ASC 6001—2021	高层建筑物玻璃幕墙模拟雷击实验方法	协会标准
17	JGJ/T 490—2021	钢框架内填墙板结构技术标准	行业标准
18	JG/T 578—2021	装配式建筑用墙板技术要求	行业标准
19	JC/T 2629—2021	秸秆复合墙板	行业标准
20	JC/T 1057—2021	玻璃纤维增强水泥（GRC）外墙板	行业标准
21	DB42/T 1709—2021	既有建筑幕墙可靠性鉴定技术规程	地方标准
22	DB34/T 3953—2021	装配式钢结构预制墙板应用技术规程	地方标准
23	DB34/T 3952—2021	预制混凝土夹心保温外挂墙板技术规程	地方标准
24	DB34/T 3950—2021	建筑幕墙工程施工质量验收规程	地方标准
25	DB32/T 4065—2021	建筑幕墙工程技术标准	地方标准
26	DB21/T 3383—2021	既有建筑幕墙工程维修技术规程	地方标准
27	DB11/T 1883—2021	非透光幕墙保温工程技术规程	地方标准
28	DB11/T 1837—2021	幕墙工程施工过程模型细度标准	地方标准
29	DB42/T 1776—2021	装配式建筑高性能蒸压加气混凝土板应用技术规程	地方标准
30	DB33/T 2341—2021	干硬性水泥混凝土预制砌块抗压强度试验规程	地方标准

5. 装配式装修

随着近几年来对于装配式装修的日益重视，关于装配式装修方面的相关标准也越来越完善。2021 年颁布的装配式装修相关标准共计 13 部，如表 2-5 所示。

2021 年颁布的装配式装修相关标准　　　　表 2-5

序号	标准编号	标准名称	标准类型
1	GB/T 40376—2021	室内装修用水泥基胶结料	国家标准
2	QB/T 5642—2021	室内装修甲醛清除液	国家标准
3	QB/T 5643—2021	室内装修苯系物清除液	国家标准
4	LY/T 3275—2021	室外用木塑复合板材	国家标准
5	LY/T 3274—2021	木塑复合材料分级	国家标准
6	LY/T 3276—2021	室内装饰墙板用黄麻纤维复合板	国家标准
7	JGJ/T 491—2021	装配式内装修技术标准	行业标准
8	DB33/T 1259—2021	装配式内装评价标准	地方标准
9	T/CFDCC 0210—0201	室内用快装木塑板	协会标准
10	T/CADBM 37—2021	装饰装修用净化功能板材	协会标准

序号	标准编号	标准名称	标准类型
11	T/CBDA 53—2021	建筑装饰装修工程维修与保养标准	协会标准
12	T/CNLIC 0044—2021	住宅整体装修技术规范	协会标准
13	T/CECS 982—2021	成品住宅全装修设计标准	协会标准

2.3.2　桥梁工程

1. 装配式桥梁相关标准发展状况

针对预制装配桥梁的发展需求，国家、行业、地方政府和协会正在组织编写相关标准，部分标准已正式施行，标准体系日益完善。但相对当前快速发展的需求，需加快高层次标准出台时间，并系统梳理既有预制装配桥梁相关规范间的差异，为规范行业发展提供良好指导作用。现将 2020 年现行的装配式桥梁行业相关标准罗列，如表 2-6 所示。

2020 年现行装配式桥梁行业相关标准　　　　　　表 2-6

序号	标准编号	标准名称	标准类型
1	CJJ/T 293—2019	城市轨道交通预应力混凝土节段预制桥梁技术标准	行业标准
2	CJJ/T 111—2006	预应力混凝土桥梁预制节段逐跨拼装施工技术规程	行业标准
3	JT/T 892—2014	公路桥梁阶段装配式伸缩装置	行业标准
4	JT/T 728—2008	装配式公路钢桥　制造	行业标准
5	TB/T 2484—2005	预制先张法预应力混凝土铁路桥简支 T 梁技术条件	行业标准
6	TBJ 107—1992	铁路装配式小桥涵技术规则	行业标准
7	DG/TJ 08—2250—2017	公路工程装配式施工质量验收评定标准	地方标准
8	DG/TJ 08—2160—2015	预制拼装桥墩技术规程	地方标准
9	DB41/T 1526—2018	装配式波形钢腹板梁桥技术规程	地方标准
10	DB41/T 1847—2019	装配式混凝土箱梁桥设计与施工技术规范	地方标准
11	DB41/T 1848—2019	装配式混凝土箱梁桥预算定额	地方标准
12	DBJ51/T 124—2019	四川省城市桥梁预制拼装桥墩设计标准	地方标准
13	DBJ51/T 120—2019	四川省城市桥梁预制拼装桥墩生产、施工与质量验收技术标准	地方标准
14	DB32/T 3563—2019	装配式钢混组合桥梁设计规范	地方标准
15	DB32/T 3564—2019	节段预制拼装混凝土桥梁设计与施工规范	地方标准
16	DB33/T 1201—2020	装配式混凝土桥墩应用技术规程	地方标准
17	DB13/T 2372—2016	公路装配式组合钢箱梁设计规范	地方标准
18	DB13/T 1749—2013	桥梁预制梁板承载能力检测评定规程	地方标准
19	DBJ/T 15—169—2019	装配式市政桥梁工程技术规范	地方标准
20	DB22/T 5013—2018	装配式混凝土桥墩技术标准	地方标准

序号	标准编号	标准名称	标准类型
21	DB34/T 3445— 2019	全体外预应力节段拼装混凝土桥梁设计与施工指南	地方标准
22	DB37/T 5098— 2017	城市轨道交通预制简支 U 型梁施工技术规程	地方标准
23	DB37/T 5100— 2017	城市轨道交通桥墩预制拼装技术规程	地方标准
24	T/CECS 728—2020	装配式城市桥梁工程技术规程	协会标准

　　《装配式城市桥梁工程技术规程》T/CECS 728—2020 是国内首部，也是目前唯一一部涉及上部结构、下部结构、基础、附属设施等桥梁全要素预制装配的规范，为全预制装配式城市桥梁的设计、施工及验收提供了依据。

　　编者检索整理 2021 年与"装配式桥梁"相关的标准，统计得到 2021 年包括新修订、新发布的标准有 41 部，其中行业标准 5 部，协会标准 3 部，地方标准 33 部。行业标准、协会标准、地方标准的相继出台，极大地推动了装配式桥梁的发展，使得装配式桥梁的设计与建造更加规范。

2. 设计与施工相关标准

　　2021 年颁布的装配式桥梁设计与施工相关标准共 27 部，其中行业标准 4 部，协会标准 2 部，地方标准 21 部，如表 2-7 所示。各规范对预制桥梁的设计与施工各个阶段提出细致而合理的规范化要求，保证设计的合理性与施工环节的顺利进行。另外，《公路装配式桥梁施工规范》与《公路装配式桥梁设计规范》正在编制中，预计 2022 年发布施行。

2021 年颁布的装配式桥梁设计与施工相关标准　　　　　表 2-7

序号	标准编号	标准名称	标准类型
1	CJJ/T 281—2018	桥梁悬臂浇筑施工技术标准	行业标准
2	CJJ 139—2010	城市桥梁桥面防水工程技术规程	行业标准
3	JTG/T 2421—2021	公路工程设计信息模型应用标准	行业标准
4	JTG/T 2422—2021	公路工程施工信息模型应用标准	行业标准
5	T/CECSG：D 62—01—2021	钢筋混凝土拱桥悬臂浇筑与劲性骨架组合法应用技术规程	协会标准
6	T/CECS 10155—2021	桥梁高承载力板式隔震支座	协会标准
7	DB11/T 1846—2021	施工现场装配式路面技术规程	地方标准
8	DB11/T 696—2016	预拌砂浆应用技术规程	地方标准
9	DB13/T 5367—2021	公路桥梁预应力自动张拉技术规程	地方标准
10	DB22/T 5059—2021	城市桥梁预应力工程施工技术标准	地方标准
11	DB33/T 2385—2021	预制拼装桥墩设计与施工技术规范	地方标准
12	DB3415/T 7—2020	中小跨径桥梁工业化建造应用技术规程	地方标准
13	DB36/T 1473—2021	公路桥梁混凝土 T 梁和箱梁预制标准化施工技术规程	地方标准
14	DB36/T 1474—2021	公路装配式混凝土桥梁设计与施工技术规程	地方标准
15	DB41/T 2144—2021	预应力混凝土桥梁节段预制拼装施工及验收技术规程	地方标准

续表

序号	标准编号	标准名称	标准类型
16	DB42/T 1745—2021	桥梁高强度螺栓连接安装技术指南	地方标准
17	DB45/T 2280—2021	公路桥梁施工监控技术规程	地方标准
18	DB62/T 4346—2021	公路空心板桥梁铰缝维修加固技术规程	地方标准
19	DB62/T 4345—2021	公路桥梁预应力施工检测技术规程	地方标准
20	DB63/T 1985—2021	公路预制装配式桥梁下部结构施工技术规范	地方标准
21	DB63/T 1978—2021	公路预制装配式涵洞设计规范	地方标准
22	DB63/T 1984—2021	公路预制装配式桥梁下部结构设计规范	地方标准
23	DB11/T 1846—2021	施工现场装配式路面技术规程	地方标准
24	DB33/T 2386—2021	公路工程小型预制构件施工技术规范	地方标准
25	DB63/T 1985—2021	公路预制装配式桥梁下部结构施工技术规范	地方标准
26	DB63/T 1982—2021	公路预制装配式挡土墙施工技术规范	地方标准
27	DB63/T 2006—2021	公路钢筋混凝土装配式结构定额	地方标准

3. 质量控制相关标准

2021 年颁布的装配式桥梁质量控制相关标准共 8 部地方标准，如表 2-8 所示。各规范对预制桥梁的质量控制提出了细致而合理的规范化要求，同时各地方标准与当地实际情况结合，保证了工程的质量达标。

2021 年颁布的装配式桥梁质量控制相关标准 表 2-8

序号	标准编号	标准名称	标准类型
1	DB11/T 1312—2015	预制混凝土构件质量控制标准	地方标准
2	DB11/T 385—2019	预拌混凝土质量管理规程	地方标准
3	DB63/T 1986—2021	公路预制装配式桥梁下部结构质量检验评定规范	地方标准
4	DB51/T 2842—2021	桥梁支座防落梁技术规范	地方标准
5	DB41/T 2144—2021	预应力混凝土桥梁节段预制拼装施工及验收技术规程	地方标准
6	DB41/T 2152—2021	预制装配化公路箱涵施工及验收规程	地方标准
7	DB63/T 1980—2021	公路预制装配式涵洞质量检验评定规范	地方标准
8	DB63/T 1983—2021	公路预制装配式挡土墙质量检验评定规范	地方标准

4. 试验方法相关标准

2021 年颁布的装配式桥梁试验方法相关标准有 1 部协会标准，如表 2-9 所示。在往年颁布的标准中，本部分国家标准占比较高，说明检测、试验的方法与标准是各地统一的，需要满足一定的国家标准。

2021 年颁布的装配式桥梁试验方法相关标准 表 2-9

标准编号	标准名称	标准类型
T/CECS 879—2021	桥梁预应力孔道注浆密实度无损检测技术规程	协会标准

2.3.3 地下工程

随着我国地下工程的大力发展，我国正在努力完善地下工程建设及运营相关规范，涉及公路隧道、铁路隧道、地铁、综合管廊等方面。2021年颁布的地下工程相关标准共12部，其中国家标准10部，行业标准2部，如表2-10所示。

2021年颁布的地下工程相关标准　　　　表2-10

序号	标准编号	标准名称	标准类型
1	GB/T 41052—2021	全断面隧道掘进机 远程监控系统	国家标准
2	GB/T 41056—2021	全断面隧道掘进机 双护盾岩石隧道掘进机	国家标准
3	GB/T 41053—2021	全断面隧道掘进机土压平衡-泥水平衡双模式掘进机	国家标准
4	GB/T 41051—2021	全断面隧道掘进机 岩石隧道掘进机安全要求	国家标准
5	GB/T 40122—2021	全断面隧道掘进机 矩形土压平衡顶管机	国家标准
6	GB/T 40127—2021	全断面隧道掘进机 顶管机安全要求	国家标准
7	GB/T 39776—2021	砖瓦工业隧道窑热平衡、热效率测定与计算方法	国家标准
8	GB/T 39858—2021	隧道预切槽设备	国家标准
9	GB/T 41217—2021	城市地铁与综合管廊用热轧槽道	国家标准
10	GB/T 51438—2021	盾构隧道工程设计标准	国家标准
11	TB/T 3356—2021	铁路隧道锚杆	行业标准
12	JTG/T 3371—2022	公路水下隧道设计规范	行业标准

2.3.4 绿色建造

2021年颁布的绿色建造相关标准共14部，其中行业标准1部，协会标准2部，地方标准11部，如表2-11所示。2021年颁布的标准中，8部为绿色建筑施工技术标准，6部为绿色建筑设计或评价技术标准。

2021年颁布的绿色建造相关标准　　　　表2-11

序号	标准编号	标准名称	标准类型
1	DL/T 5827—2021	地下洞室绿色施工技术规范	行业标准
2	T/CECS 827—2021	绿色建筑性能数据应用规程	协会标准
3	T/CECS 870—2021	绿色建筑被动式设计导则	协会标准
4	DB11/T 825—2021	绿色建筑评价标准	地方标准
5	DB2102/T 0028—2021	绿色建筑施工图设计技术规程	地方标准
6	DB2102/T 0027—2021	绿色建筑施工图审查技术规程	地方标准
7	DB2102/T 0032—2021	绿色建筑评价规程	地方标准
8	DB34/T 3823—2021	绿色建筑设备节能控制技术标准	地方标准
9	DB37/T 5097—2021	绿色建筑评价标准	地方标准
10	DB37/T 4329—2021	人民防空工程绿色施工导则	地方标准

序号	标准编号	标准名称	标准类型
11	DB42/T 1319—2021	绿色建筑设计与工程验收标准	地方标准
12	DBJ15—65—2021	广东省建筑节能与绿色建筑工程施工质量验收规范	地方标准
13	DB23/T 2995—2021	黑龙江省水利工程绿色施工规程	地方标准
14	DB23/T 2994—2021	黑龙江省公路与城市道路工程绿色施工规程	地方标准

2.3.5 智能建造

近年来，随着云计算、大数据、物联网、人工智能、区块链等技术加速创新，日益融入装配式建筑的发展过程中，有关智能建造方面的相关标准也日益完善。2021 年中共中央、国务院印发《国家标准化发展纲要》，提出应推动智能建造标准化，健全智慧城市标准，推进城市可持续发展。2021 年，智能建造行业相关标准在行业和地方上逐渐细分，大到如 CIM 基础平台建设，细到如脚手架、管廊设计，情况见表 2-12。

2021 年颁布的智能建造相关标准　　　　　　表 2-12

序号	标准编号	标准名称	标准类型
1	GB/T 51447—2021	建筑信息模型存储标准	国家标准
2	GB/T 39837—2021	信息技术　远程运维　技术参考模型	国家标准
3	GB/T 40576—2021	工业机器人运行效率评价方法	国家标准
4	GB/T 40575—2021	工业机器人能效评估导则	国家标准
5	T/CECS 820—2021	外脚手架 P-BIM 软件功能与信息交换标准	协会标准
6	T/CECS 821—2021	模板及支架 P-BIM 软件功能与信息交换标准	协会标准
7	T/CECS 893—2021	装配式混凝土结构设计 P-BIM 软件功能与信息交换标准	协会标准
8	T/CSPSTC 65—2021	装配式建筑钢结构 BIM 模型分类与编码	协会标准
9	T/CSPSTC 66—2021	基于 BIM 的运维系统建设及交付规范	协会标准
10	DB4201/T 648—2021	武汉市民用建筑模型（BIM）应用标准	地方标准
11	DB21/T 3524—2021	ETC 智慧停车场　运维要求	地方标准
12	DB41/T 2109—2021	应急避难场所运维规范	地方标准
13	DB50/T 1176—2021	智慧交通物联网数据服务平台运维管理通用要求	地方标准
14	DB34/T 3750—2020	综合管廊运维数据规程	地方标准
15	DB21/T 3406—2021	辽宁省城市信息模型（CIM）基础平台建设运维标准	地方标准

第3章 建筑工业化产业发展情况

3.1 行业相关企业统计

3.1.1 钢结构企业

成立年份在 2017—2021 年，注册资金在 1000 万以上的中大型钢结构设计、生产相关企业单位共有 4172 家，如图 3-1 所示。

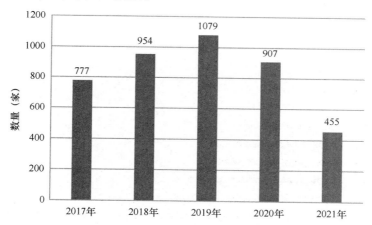

图 3-1 2017—2021 年全国新成立钢结构企业数量

从成立时间来看，2017—2019 年新增的企业数量呈上升趋势，2020 年新增数量出现下降，2021 年新增企业数量下降明显。

从区域分布来看，2021 年新成立的大中型钢结构企业如图 3-2 所示。

截至 2021 年底，全国各省、自治区、直辖市仍然存续的大中型钢结构企业数量分布如图 3-3 所示，前三名仍然是山东、河北、江苏三省。

从地理区域分布角度分析，截至 2021 年仍然存续的钢结构企业数量及占比分布如图 3-4 所示。华东区域的钢结构企业数量大大超出其他区域，是第二名华北区域的两倍以上。

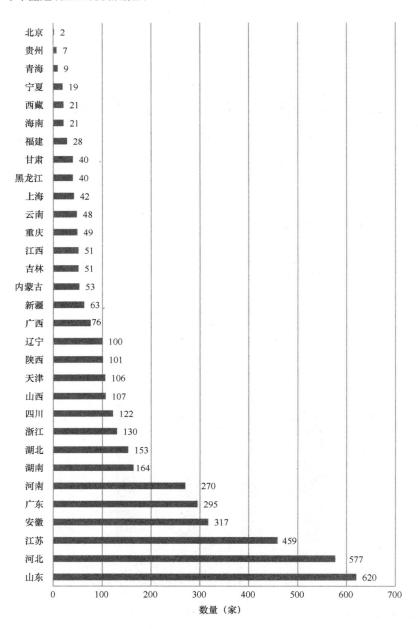

图 3-2　2021 年全国各省、自治区、直辖市新成立的钢结构企业

3.1.2　预制混凝土（PC）构件企业

截至 2021 年底，全国累计成立的注册资本 1000 万以上的预制混凝土构件工厂达 4826 家，其中存续的有 4088 家。图 3-5 为 2017—2021 年成立并存续的预制混凝土构件工厂数量。可以发现，2017—2019 年，整体建厂趋势为增长。但在 2019 年之后，2020 年成立并存续的工厂仅为 401 家，较 2019 年的数据减少 140 家。2021 年成立并存续的工厂较 2020 年的数据又下降 332 家，仅存续 69 家。

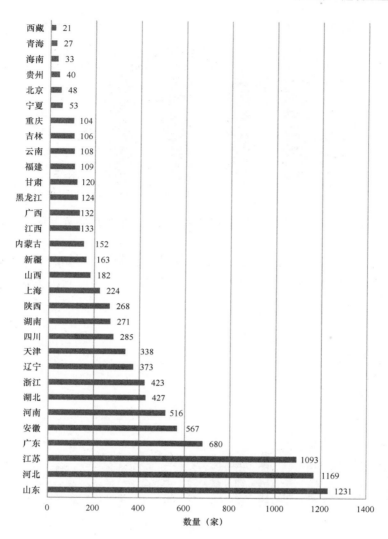

图 3-3　截至 2021 年底全国各省、自治区、直辖市累计存续的钢结构企业数量

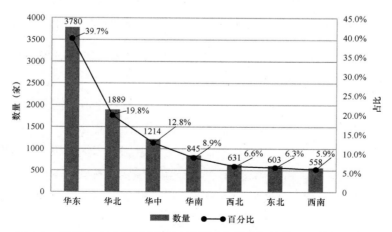

图 3-4　截至 2021 年底全国各区域累计存续的钢结构企业数量及占比

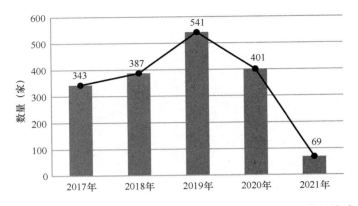

图 3-5　2017—2021 年成立并存续的预制混凝土构件工厂数量统计

从地理区域分析，2021 年成立并存续的预制混凝土构件工厂如图 3-6 所示。新建预制混凝土构件厂数量最多的是河北省，共计 14 家，占比 20.29％；其次为安徽省，共计新建 11 家，占比 15.94％。

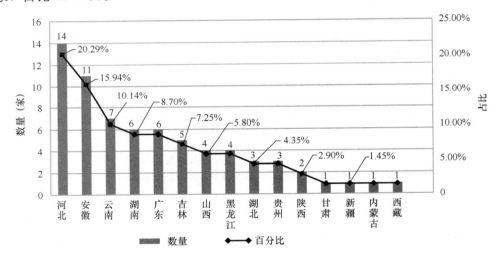

图 3-6　2021 年全国各省、自治区、直辖市成立并存续的预制混凝土构件工厂数量及占比

截至 2021 年底，全国各省、自治区、直辖市累计存续的预制混凝土构件工厂数量如图 3-7 所示。前三位分别为山东省、河南省、江苏省。结合图 3-6，该三省在 2021 年均未新建厂，由此可以推测，该三省的预制混凝土构件工厂已趋于市场饱和状态。

截至 2021 年底，累计存续的预制混凝土构件工厂的地理区域分布情况见图 3-8。显然，全国预制工厂发展布局的不均衡现象比较突出，主要集中在华东、华南、华北地区，其中华东地区累计 1507 家，占比高达 41.95％。由于我国装配式建筑目前并不是市场自发行为，而是由政府推动，但各地政府的政策不一样，经济发达地区对建筑业转型升级、推进建筑产业现代化的力度大，三四线城市或者经济欠发达区域要求装配式建筑占比小，地方市场空间就较小，因此出现全国预制工厂发展布局不均衡现象。结合图 3-6 整理的各地

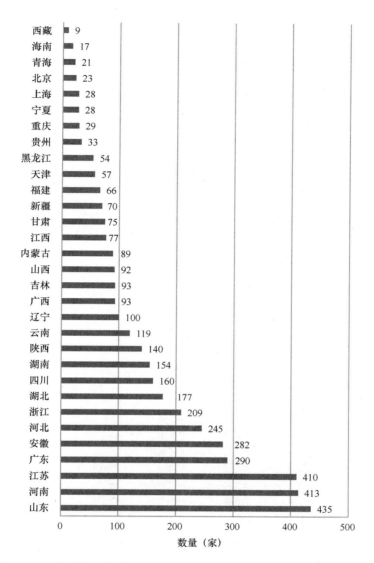

图 3-7　截至 2021 年底全国各省、自治区、直辖市累计存续的预制混凝土构件工厂数量

新成立的钢结构企业对比数据，在整体新建趋势下降的前提下，西北、华中、东北、西南各省份新建厂占比均有所提高，说明这些区域也在大力发展装配式行业，各地区发展布局的不均衡现象有所改变。

3.1.3　木结构企业

注册时间为 2017—2021 年，且迄今存续，注册资金 1000 万以上的木结构企业如图 3-9 所示。可见，近 5 年木结构新注册企业数量呈现逐年减少的趋势，2021 年仅四川省、贵州省、河北省各新增一家木结构企业，造成这一趋势的主要原因是 2020—2021 年的新冠肺炎疫情影响了木结构整个产业链的发展。

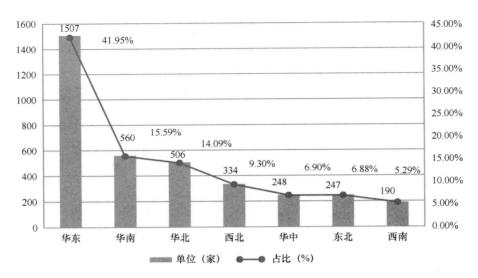

图 3-8　截至 2021 年底全国各区域累计存续的预制混凝土构件工厂数量及占比

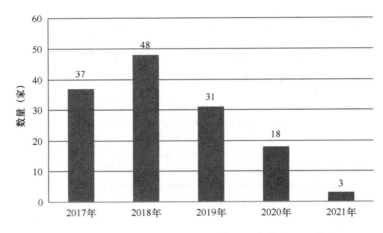

图 3-9　2017—2021 年新成立并存续的木结构企业数量

从区域分布来看，截至 2021 年底仍然存续的大中型木结构企业地域分布如图 3-10 所示。

从区域分布角度分析，截至 2021 年底仍然存续的木结构企业数量及占比分布如图 3-11 所示。

可见，木结构企业的发展存在不均衡现象，其中，山东省注册的企业数量最多，占全国总数量的 10%，其次是江苏省、广东省和河北省。大部分木结构企业集中在东南沿海及长江流域地区，以华东区域最为集中，占全国总数的 1/3 以上。

3.1.4　装配式围护企业

如图 3-12 所示，2017—2021 共新增装配式围护部品领域且存续的大型企业共计 3391 家。

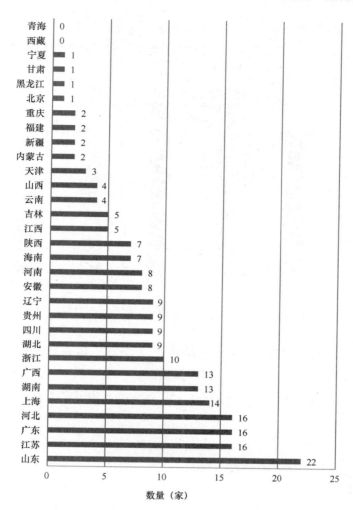

图 3-10　截至 2021 年底仍然存续的大中型木结构企业地域分布

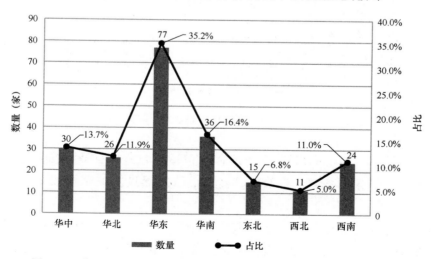

图 3-11　截至 2021 年底全国各区域累计存续的木结构企业数量及占比

2021 年新增大型存续的装配式围护部品企业 235 家，比 2020 年的 673 家下降 65％，反映出装配式围护部品企业发展数量放缓，企业数量将逐步趋于饱和状态。

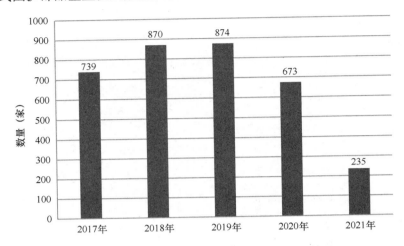

图 3-12　2017—2021 年装配式围护企业新增数量

2021 年新增企业按所属领域来看，幕墙企业为 88 家，墙板制造企业为 147 家。各地企业的增长数量如图 3-13 所示，2021 年装配式围护企业增长数量前 6 的地区及数量分别如下：湖南 124 家，河北 63 家，安徽 10 家，广东 7 家，内蒙古 7 家，云南 7 家。

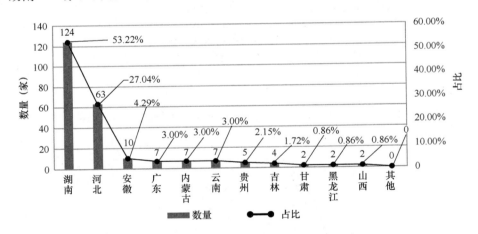

图 3-13　2021 年装配式围护企业新增数量及占比

截至 2021 年底，全国共有装配式围护企业 7115 家，其中有幕墙类企业 4990 家，其他墙板类企业 2125 家，各省、自治区、直辖市的装配式围护企业数量分布如图 3-14 所示。

其中，加气混凝土企业共 1404 家，陶粒板企业共 190 家，其他类型预制墙板企业共 535 家，幕墙企业共 4990 家。加气混凝土企业的主要分布如图 3-15 所示。陶粒板企业分布如图 3-16 所示。

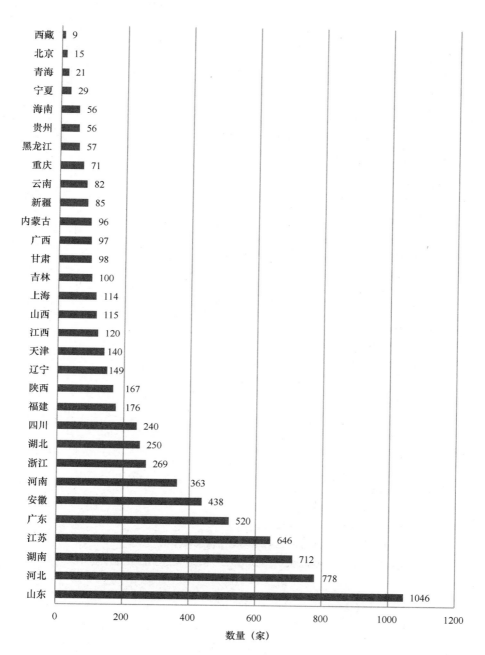

图 3-14 截至 2021 年底全国各省、自治区、直辖市累计存续的
装配式围护企业数量

3.1.5 装配式装修企业

如图 3-17 所示，成立年限为 2017—2021 年注册资金 1000 万以上的建筑装饰装修相关
中大型企业有 3170 家。

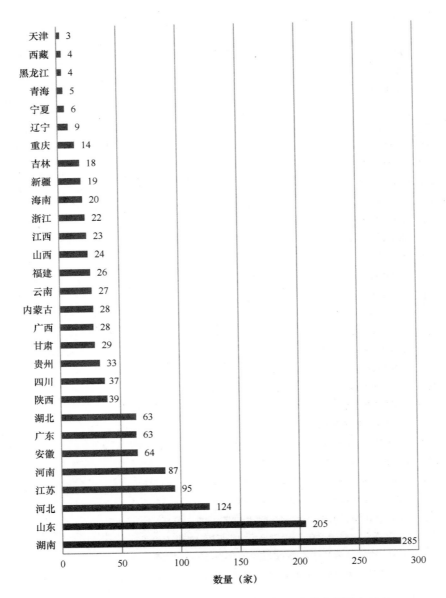

图 3-15　截至 2021 年底全国各省、自治区、直辖市累计存续的
加气混凝土企业数量

　　从成立时间上看，每年全国累计存续的装配式装修企业数量总体稳步上升，2021
年受房地产调控政策和新冠肺炎疫情等多项因素影响，装配式装修企业的增长速度出现
下降趋势。

　　从区域分布来看，装配式装修企业发展大部分集中在中部地区和东南沿海地区，与现
阶段国家经济发展趋势相吻合，如图 3-18 所示。

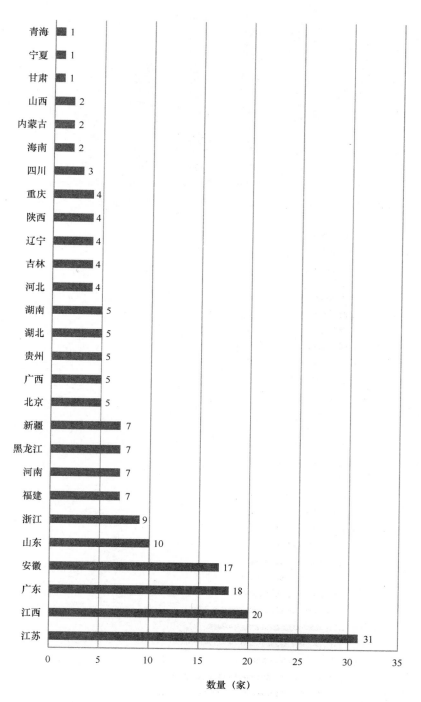

图 3-16 截至 2021 年底全国各省、自治区、直辖市累计存续的陶粒板企业数量

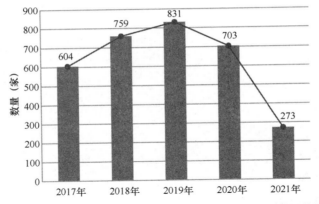

图 3-17　2017—2021 年成立并存续的装配式装修企业数量统计

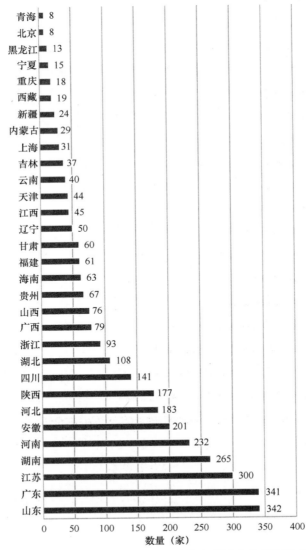

图 3-18　截至 2021 年底全国各省、自治区、直辖市累计存续的装配式装修企业数量

2021 年，全国各省、自治区、直辖市新增存续的装配式装修单位如图 3-19 所示。

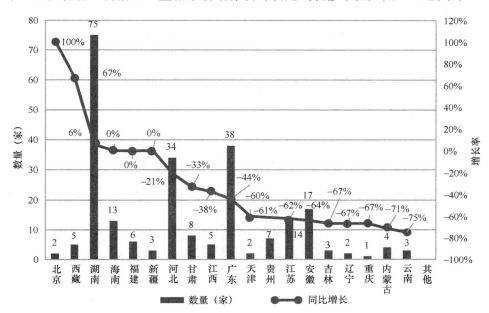

图 3-19　各省、自治区、直辖市 2021 年装配式装修企业新增数量及增长率

从图 3-19 可以看出，与 2020 年相比，2021 年全国新增存续的装配式装修企业呈全面下降的趋势，某些区域无新增企业。从新增企业所属城市区域来看，大部分新增企业集中在华东、华南、华北以及华中等区域，预计 2022 年这几个区域的装配式装修企业数量会继续增长，并形成辐射效应，带动周边区域企业的增长。

3.1.6　装配式桥梁企业

1. 预制装配桥梁设计企业的发展情况

国内桥梁预制装配技术的工程应用尚属于从起步向发展迈进的阶段，各大桥梁设计企业通过承担的工程项目不断扩大，来推动桥梁预制装配技术的应用和发展。据不完全统计，目前国内承担过预制装配桥梁设计的企业共有 20 多家，总体分布而言，全国的预制装配桥梁设计企业主要分布在东、中部经济发展较快的大中城市，并以此为中心，逐渐向外辐射至其他地区。

2. 预制装配桥梁的施工企业的发展情况

桥梁的预制装配技术是加快施工速度、减少现场污染、实现低碳化建设的有效手段。在国家政策的引导下，越来越多的施工企业开始采用预制装配技术，在桥梁工程中进行推广应用。据不完全统计，目前国内承担过预制装配桥梁施工的企业共有 30 多家，就总体分布而言，全国的预制装配桥梁施工企业主要分布在东、中部等经济发展较快、预制装配桥梁应用较为广泛的大中城市及其周边的二、三线城市。

3. 预制装配桥梁的构件生产企业的总体发展情况

据相关数据库中的数据筛选统计，2021 年新增桥梁生产相关企业 2300 余家，整体上涨幅度较往年明显。自 2015—2020 年呈现增长趋势，依次为 502 家、968 家、1595 家、2047 家、2701 家、4321 家，如图 3-20 所示。

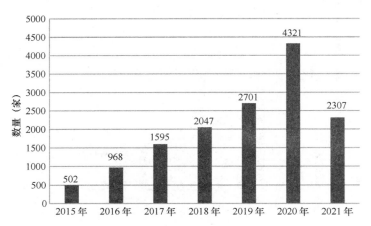

图 3-20　2015—2021 年桥梁生产企业增长总数

数据来源：相关数据库存续在业的桥梁生产相关企业筛选。

规模化的大型预制装配桥梁构件生产企业多隶属于大型施工企业旗下，或由施工企业及其他单位合资建设。据不完全统计，目前大型预制装配桥墩构件的生产企业共有 10 余家，以长三角地区为主。

4. 预制装配桥梁的材料供应商的发展情况

随着预制装配桥梁技术的不断推广应用，配套工程材料也得到蓬勃发展，相关材料供应商也在随之逐步发展壮大。据不完全统计，目前预制装配桥梁相关材料的生产企业约有 10 余家，上海有 7 家，其余省份有少量分布。

3.1.7　装配式地下工程企业

在天眼查以"装配式地下"为关键词，行业分类选取"建筑类"，行业大类分为"房屋建筑类""土木工程建筑类""建筑安装类"以及"建筑装饰、装修和其他建筑类"，选取成立年限为 2017—2021 年，共发现 47 家注册资金 1000 万以上的装配式地下工程企业单位。从时间来说，每年全国累计存续装配式地下工程企业数量总体呈下降趋势，2021 年受房地产调控政策和新冠肺炎疫情等多因素影响，装配式地下工程企业的增长速度出现下降趋势，如图 3-21 所示。

截至 2021 年底，全国各省、自治区、直辖市累计存续的装配式地下工程相关企业分布情况见图 3-22。截至 2021 年底，全国各地理区域累计存续的装配式地下工程相关企业分布情况见图 3-23。从图中可看出，5 年来装配式地下工程相关企业增速下降，新增企业主要集中在安徽、陕西、江苏、山东、湖北等地。从地理区域划分上来看，新增企业主要集中于华东地区。

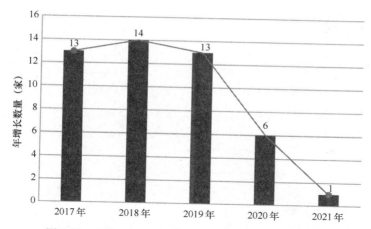

图 3-21　2017—2021 年装配式地下工程企业新增数量

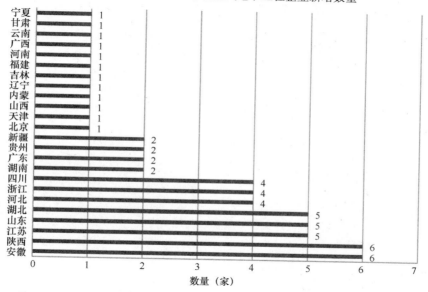

图 3-22　截至 2021 年底全国各省、自治区、直辖市累计存续的装配式地下工程相关企业数量

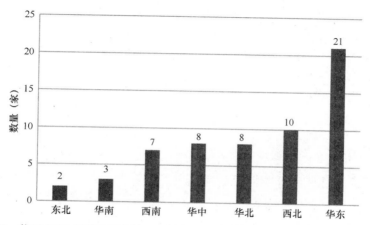

图 3-23　截至 2021 年底全国各地理区域累计存续的装配式地下工程相关企业数量

3.1.8 绿色建造企业

注册时间为 2017—2021 年且迄今存续的注册资金 1000 万以上的绿色建造相关企业新增数量如图 3-24 所示。2018 年相较 2017 年数量出现回落，2018—2021 年，绿色建造相关企业总体呈缓慢上升趋势。2021 年全国各省、自治区、直辖市成立且存续的绿色建造相关企业分布情况见图 3-25。2021 年新增企业主要集中在广东、江苏、山东等地。

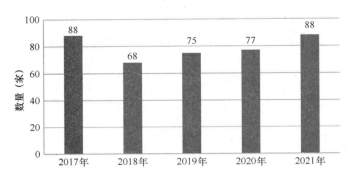

图 3-24　2017—2021 年绿色建造企业新增数量

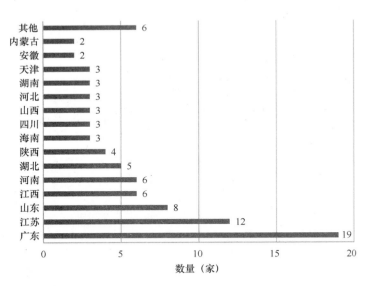

图 3-25　2021 年全国各省、自治区、直辖市成立
且存续的绿色建造相关企业数量

截至 2021 年底，全国各省、自治区、直辖市累计存续的绿色建造相关企业分布情况见图 3-26，主要集中在江苏、广东、河南、山东、天津等地。截至 2021 年底，全国各地理区域累计存续的绿色建造相关企业分布情况见图 3-27，华东地区的绿色建造相关企业数量约占全国的三分之一。

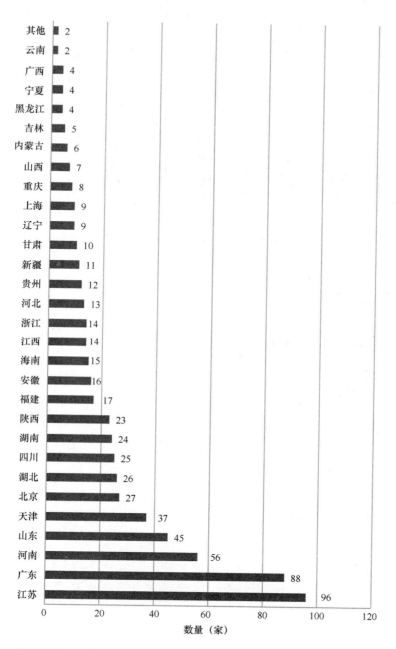

图 3-26　截至 2021 年底全国各省、自治区、直辖市累计存续的绿色建造相关企业数量

3.1.9　智能建造企业

编者在近 5 年智能建造相关企业中，以"智能建造发展意见"中"建筑信息模型（BIM）""互联网""物联网""大数据""云计算""移动通信""人工智能""区块链""建筑机器人"为关键词，限定行业分类为建筑业企业，根据注册日期为 2017—2021 年，在天眼查搜索注册资金 1000 万以上的相关企业，如图 3-28 所示。

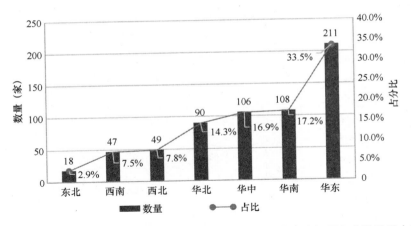

图 3-27　截至 2021 年底全国各地理区域累计存续的绿色建造相关企业数量及占比

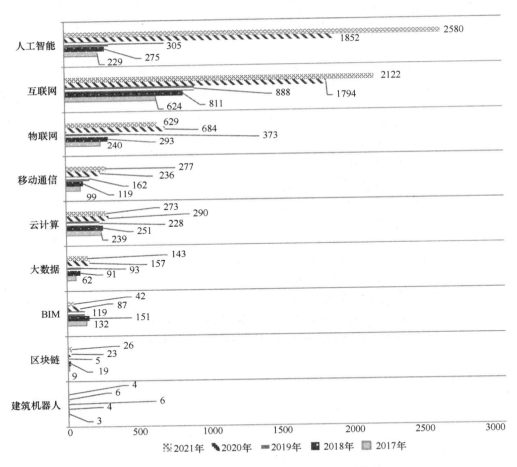

图 3-28　2017—2021 年智能建造企业注册情况

　　结果表明，在 2020 年以后，以互联网和人工智能行业为首的建筑类企业注册量飞速增长，物联网、云计算、移动通信相关企业紧随其后，推动建筑业走向高信息化、智能化的时代。

　　数据表明，近 5 年建筑类企业中互联网、人工智能企业注册量呈现爆发性增长。特别是人工智能企业，多集中在陕西省，一方面政策发力，陕西省目标在 2023 年人工智能产业规模达到 1000 亿元；另一方面，开设国家新一代人工智能创新发展试验区，极大地促进了人工智能产业的发展。而互联网类企业则分布较为平均，集中在福建、广东、山东、陕西和江苏等地。智能建造类各行业的建筑相关企业分布情况如图 3-29 所示。

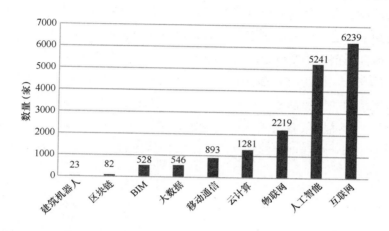

图 3-29　2017—2021 年智能建造类各行业的建筑相关企业分布情况

　　受到人工智能爆发式增长影响，2021 年注册总资本 1000 万以上的智能建造相关企业共 5993 家，主要分布在陕西，如图 3-30 所示。

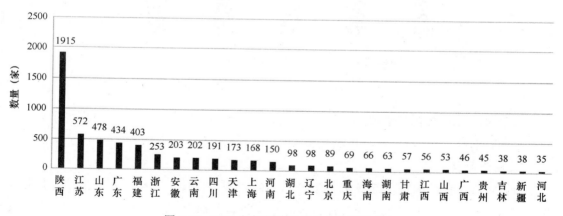

图 3-30　2021 年智能建造相关企业地域分布

3.2 行业发展总体情况

3.2.1 钢结构装配式建筑行业情况

1. 整体行业

从钢结构产量上看，我国已经具备钢结构发展的物质与技术基础（图 3-31）。高增速的钢材产量给钢结构建筑的发展创造了非常好的物质基础。随着装配式的不断大力推进，老钢厂迭代适应，新钢厂不断崛起，越来越多的钢铁基地为了适应市场的需要，使成品钢材的品种越来越齐全，性能越来越优越。热轧 H 型钢、彩色钢板、冷弯型钢的生产能力大大提高，为钢结构的发展创造了重要的条件。其他钢结构中型钢及涂镀层钢板的生产能力都有明显增长，产品质量有较大提高。耐火、耐候钢、超薄热轧 H 型钢等一批新型钢已开始在工程中应用，快速增长的钢结构产量为钢结构的发展创造了基本条件。

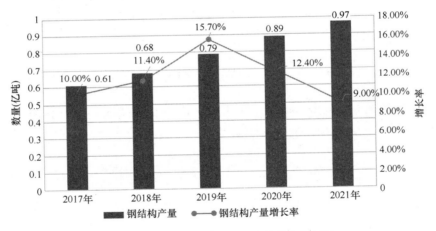

图 3-31 2017—2021 年我国钢结构产量情况

2021 年，全国粗钢产量约 10.33 亿吨，较 2020 年有所下降。2021 年全国钢结构产量约占全国粗钢产量的 9.4%，增长速率较 2020 年下降，如图 3-32 所示。

2. 头部企业

目前，我国钢结构行业前 5 大上市公司为鸿路钢构、精工钢构、东南网架、富煌钢构、杭萧钢构。2021 年 5 家公司累计新签订单合同额分别为 228 亿元、169 亿元、142 亿元、56 亿元、107 亿元，同比分别增加 31.50%、13.30%、26.70%、4.40%、6.70%，如图 3-33 所示。

从钢结构产值来看，近年来，钢结构的产值随着国家整体经济发展和建筑行业产值的提升而同步增长，钢结构行业在建筑业中的比重也逐年增加，如图 3-34、表 3-1 所示。

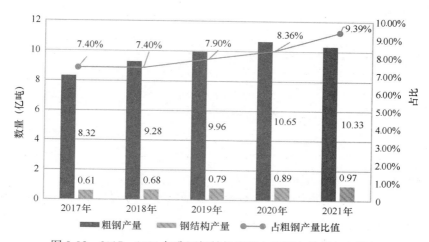

图 3-32　2017—2021 年我国钢结构产量在粗钢产量中占比情况

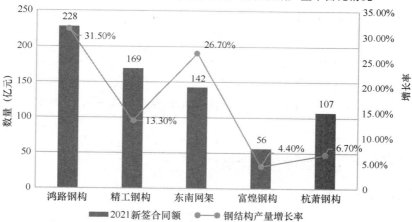

图 3-33　2021 年钢结构行业前 5 大上市公司新签合同额及同比增速

图 3-34　2017—2021 年我国钢结构产值情况

109

2017—2021年我国钢结构产值情况 表 3-1

年份	建筑业总产值（亿元）	钢结构产值（亿元）	钢结构占建筑业比例（%）
2017	213954	5100	约2.38
2018	235085	6736	约2.87
2019	248446	7400	约2.98
2020	263947	8100	约3.07
2021	293079	9700	约3.31

3. 未来展望

钢结构在欧美等发达国家和地区发展较早，钢结构已成为其主要的建筑结构形式，美国钢结构建筑用钢量占比超过50%，日韩等国家的钢结构用钢量约40%，相比之下，我国钢结构产量至少还有一倍的上升空间。

2021年10月，中国钢结构协会发布了《钢结构行业"十四五"规划及2035年远景目标》，提出钢结构行业在"十四五"期间的发展目标：到2025年底，国内钢结构用量达到1.4亿吨左右，占中国粗钢产量比例15%以上，钢结构建筑占新建建筑面积比例达到15%以上。到2035年，我国钢结构建筑应用达到中等发达国家水平，钢结构用量达到每年2亿吨以上，占粗钢产量25%以上，钢结构建筑占新建建筑面积比例逐步达到40%，基本实现钢结构智能建造。

3.2.2 装配式混凝土建筑行业情况

1. 行业发展状况

2021年全国新开工装配式混凝土结构建筑4.9亿 m²，较2020年增长12.2%，占新开工装配式建筑的比例为67.7%。2021年全国装配式混凝土建筑相关构配件生产企业数量、生产线数量、设计产能、实际应用产能均较2020年有所提升，国内混凝土预制构件生产规模3万 m³ 以上的企业为1200~1500家。2021年全国共创建国家级装配式建筑产业基地328个，省级产业基地908个，装配式混凝土预制构件设计产能达到2.4亿 m³，较2020年提升16.5%，产能利用率为51.1%。其中，上海备案的混凝土预制构件生产企业144家，灌浆套筒相关备案企业27家，灌浆料相关备案企业24家，流水生产线190条，传统线249条，实际年产能约614万 m³；北京及周边的混凝土预制构件生产企业共27家，生产基地超过45个，总设计年产能超过455万 m³；深圳市的混凝土预制构件生产企业约为20家，年设计产能为205万 m³。

2. 市场发展痛点分析

1）构件市场形势严峻

混凝土预制构件因其特有的预制属性，需要在工厂端浇筑完成后再运至施工现场，因此其与传统现浇施工不同，混凝土预制构件被赋予商品属性，其价格主要由生产成本、运输费用、现场安装费用决定。混凝土预制构件生产成本主要包括直接原、辅材料费、人工费、设备燃料及动力费、制造费，各部分组成如图 3-35 所示。其中，混凝土预制构件的主要原材料是钢筋、水泥和砂石。如图 3-36 所示，在混凝土预制构件生产的直接原、辅材料成本构成中，钢筋占比 55%。图 3-37 为 2017—2021 年上海市场主要装配式混凝土预制构件价格（含税）及螺纹钢 HRB400 12 价格，对比观察价格走势，钢筋价格波动对装配式混凝土预制构件成本产生较大的影响[27]。

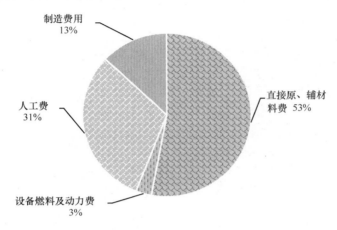

图 3-35　混凝土预制构件生产成本构成

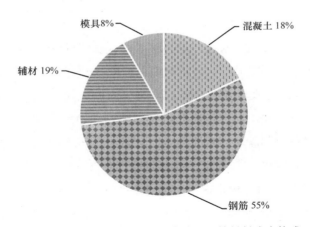

图 3-36　混凝土预制构件生产直接原、辅材料成本构成

　　2021 年，受国际局势的影响，如钢材价格疯涨，大型房企遭遇债务危机，能源（电力）供应出现区域性短缺现象，新冠肺炎疫情防控常态化等，在一定程度上增加了混凝土预制构件供需和成本的不确定性，很多构件生产企业无奈提出了供货违约，损失严重。同时，随着房地产行业集中度的提升，装配式建筑行业对下游的议价能力可能进一步降低，难以通过价格调整向下游行业参与者转移原材料价格波动的影响。

　　此外，由于各地预制混凝土构件工厂数量增加，原材料和人工费差异，各地的价格竞争非常激烈，实际价格一般要比市场指导价低 20%～30%，价格竞争主要根源在于市场业务存在"僧多粥少"的业务问题，这也是目前大多数预制混凝土工厂面临的生存和发展

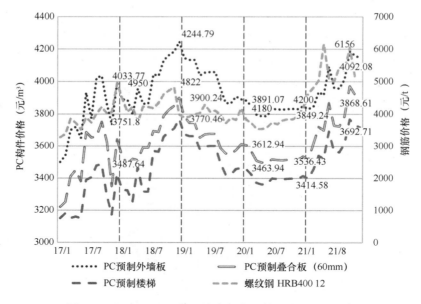

图 3-37　2017—2021 年上海市场主要装配式混凝土预制
构件价格（含税）及螺纹钢 HRB400 12 价格

难题。

2）构件标准化、模具通用化程度亟待提高

目前国内的装配式混凝土建筑成本居高不下，主要原因是难以实现构件设计高度标准化和生产高度规模化。预制混凝土构件的标准化程度低，则会直接影响模具的通用性。预制混凝土构件的模具成本也是装配式建筑成本增量的一个重要部分，大量的模具不用占用堆场，而且钢模的日益锈蚀，也会造成大量资产闲置和浪费。预制混凝土构件的标准化、模具的通用化，不仅在预制混凝土构件成本上受益良多，对后期生产、运输、施工及全流程管控等各环节都大有益处。为落实《国务院办公厅关于大力发展装配式建筑的指导意见》（国办发〔2016〕71 号），构建装配式建筑标准化设计和生产体系，住房和城乡建设部于 2021 年 9 月 10 日发布了《装配式混凝土结构住宅主要构件尺寸指南》。

3.2.3　木结构装配式建筑行业情况

如图 3-38 所示，选定 7 个省份（四川、河北、广东、湖北、山东、江苏、浙江），发现 2018—2021 年各年以上省份的新开工面积较为均衡，近两年有小幅增长。

2018—2020 年，上述 7 个省份的木结构新开工面积有逐年下降趋势，但到了 2021 年，木结构项目有较大幅度的增加，原因可能是国家对"碳达峰""碳中和"目标的提出刺激了木结构项目的增长。

表 3-2 给出了 2018—2021 年选定省份木结构新开工面积。2021 年第四季度，河北省木结构的新开工面积位居第一，为 24667m²，广东省、江苏省、四川省和湖北省的开工面积相

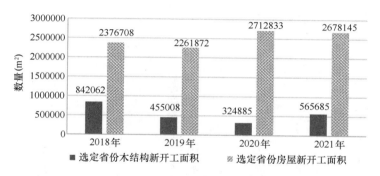

图 3-38　2018—2021 年选定 7 个省份的新开工面积

注：2020 年开始增加浙江省。

近，为 15000～17000m²，山东省和浙江省本季度新开工面积较低，为 11000～12000m²。

2018—2021 年选定省份木结构新开工面积　　　　　　　　　　　表 3-2

季度＼省份	四川	河北	广东	湖北	山东	江苏	浙江
2018 年第一季度	46905	10000	29722	21429	36458	58333	—
2018 年第二季度	25839	12714	52714	22926	45536	29196	—
2018 年第三季度	42601	18583	18900	39209	65397	42801	—
2018 年第四季度	15317	36905	39583	50065	31429	49500	—
2019 年第一季度	37440	14563	25854	20803	25343	36786	—
2019 年第二季度	23743	14341	19733	20794	20173	32950	—
2019 年第三季度	19492	11984	10400	8948	16209	18608	—
2019 年第四季度	12584	10209	7138	10869	20630	15414	—
2020 年第一季度	4402	733	1550	2050	1933	5833	—
＊2020 年第 2 季度	10376	6615	6417	15175	15472	14838	14469
＊2020 年第 3 季度	10589	12082	12000	15961	23381	14401	17467
＊2020 年第 4 季度	20911	14800	7625	19469	15024	21896	19417
＊2021 年第 1 季度	39969	18311	11585	23139	19243	22533	22105
＊2021 年第 2 季度	22058	17057	17607	17908	25833	25478	28333
＊2021 年第 3 季度	26978	20199	15790	15854	12876	28813	22190
＊2021 年第 4 季度	15400	24667	17083	14875	12173	16250	11375

注：1. 表中数据单位为 m²；

　　2. ＊2020 年第二季度开始增加浙江省数据。

如图 3-39 所示，2018—2021 年间江苏省、山东省木结构新开工面积一直处于领先位置。2021 年，四川省、河北省以及广东省木结构新开工面积同比增长均超过 120%，可见其发展迅猛。其中，四川省在 2021 年新开工木结构面积超过江苏省的新开工木结构面积，成为 7 个省份的第一名。

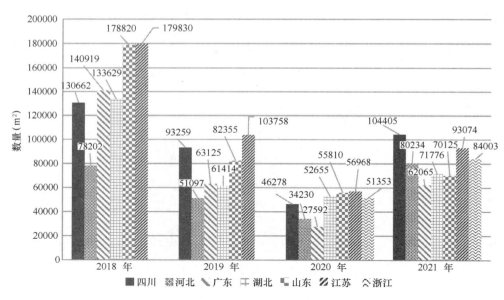

图 3-39　2018—2021 年选定 7 个省份的木结构新开工面积

注：2020 年开始增加浙江省数据。

如图 3-40 所示，2021 年建筑业逐渐恢复，全年新开工的木结构建筑面积为 481264m²，相比 2020 年增长了约 75.9%。

2021 年木结构建筑面积的增长，部分原因是成都承办的大运会及北京、张家口承办的冬奥会刺激了对木结构建筑的需求。

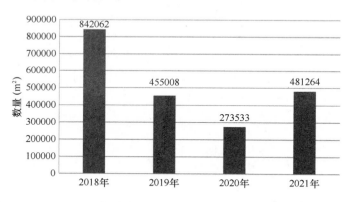

图 3-40　2018—2021 年选定 6 个省份（不含浙江）木结构开工面积趋势

如图 3-41 所示，2021 年的旅游度假类建筑占比相比 2019 年和 2020 年继续增长，比例为 43.00%。科教文卫类建筑占比大幅提升，从 2020 年的 6.40% 增长为 10.00%，住宅类建筑的占比位居第二，与 2020 年相比没有明显的变化。

公建其他类建筑（以公厕/岗亭为主）占比自 2020 年成 2 倍级的增长之后，2021 年的占比没有明显变化，仅呈现略微下降。2021 年办公类和商业类建筑的占比基本与 2020 年持平。2021 年交通运输类建筑的占比仍然最低，相比 2020 年基本持平。

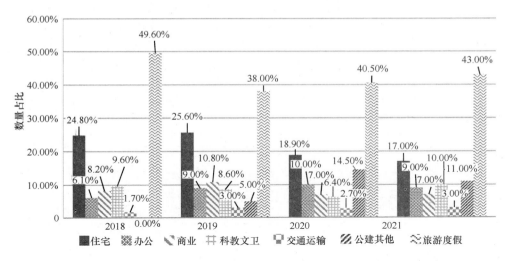

图 3-41 2018—2021 年选定 6 个省份（不含浙江）木结构建筑类型分布

3.2.4 装配式围护行业情况

1. 蒸压加气混凝土墙板发展情况

近些年来，大力发展装配式建筑的宏观政策带动了"装配式围护"墙板行业上、下游产业链的发展。近 5 年来，蒸压加气混凝土板的产能（图 3-42），得到快速发展：2017 年，板材产量约 190 万 m^3，2018 年约 260 万 m^3，2019 年约 350 万 m^3，2020 年约 500 万 m^3，2021 年约 680 万 m^3，每年比前一年的增长率超过 30%。截至 2021 年，我国蒸压加气混凝土板材生产企业共有 338 家，全年板材总产量约达 680 万 m^3。

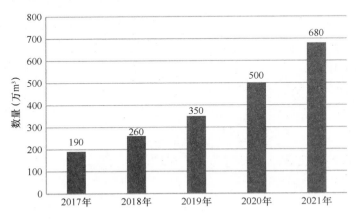

图 3-42 2017—2021 年全国蒸压加气混凝土板产能情况

数据来源：中国加气混凝土协会。

2. 蒸压加气混凝土墙板设备发展情况

在蒸压加气混凝土装备方面，2021 年我国蒸压加气混凝土装备企业完成营业额达 108 亿元。近 5 年蒸压加气混凝土装备市场规模统计如表 3-3 所示。

2017—2021 年蒸压加气混凝土装备市场规模统计（亿元）　　　　表 3-3

年份	蒸压加气混凝土装备 （合计）	蒸压加气混凝工艺 成套设备	蒸压加气混凝升级改造 设备及配套装备
2017	23.90	4.81	19.09
2018	26.10	7.19	18.82
2019	43.17	12.06	31.11
2020	93.85	26.90	66.95
2021	108.20	33.02	75.18
合计	295.22	83.98	211.15

数据来源：中国加气混凝土协会。

3. 幕墙行业发展

中国幕墙网提供的数据显示：2021 年，新冠肺炎疫情带来的建筑项目数量下降与单个项目金额上升相互对冲，同期内幕墙行业内出现过缺少施工人员的情况，也出现过大量项目暂停的时期，究其原因，离不开房地产业受到政策与市场冲击带来的影响。

幕墙工程因其周期相对房地产与建筑业而言较短，项目施工人员及参与设备相对较少，部分产品与部件可以在工厂内加工完成。因此在面对 2021 年原材料价格波动、供应量紧缺的形势下，行业中的大部分幕墙企业，基本可以保持项目开工率与交付率的稳定。2021 年大中型规模化幕墙企业的产值与 2020 年基本持平，行业总产值约 2000 亿，与近 3 年来基本持平。

在完工幕墙项目的类型中，玻璃幕墙的占比有所下降，但依然超过其他类型而占据首位，石材幕墙因公共建筑及城镇化建设带来的各类项目增多而逐渐上升，金属幕墙尤其是铝板幕墙的应用正在加大。作为可再生利用且较环保的幕墙类型，在追求个性化设计与幕墙表皮艺术化的当前，铝板的可塑性更强，未来市场面将更加广阔。当前，幕墙市场内的新材料层出不穷，新的金属板材、新型木材、陶土板、光伏产品、遮阳膜、UHPC、FRP、GRC、清水混凝土、植物等材料也越来越多地作为装饰面板应用到工程中。

2021 年幕墙市场的变化源自国内基础设施建设及大湾区、长三角、中西部地区的发展，而过去一年多受新冠肺炎疫情、"限高令"、原材料价格波动影响，所带来的商业建筑项目周期拖延、停建，都对 2021 年的项目产值有所影响。以后高层及超高层建筑幕墙项目会逐年减少，大体量的城市基建项目包括体育场馆、文化场馆、大型公共建筑等的数量会有所增加。

2021 年幕墙工程项目市场的增长模式从追求规模转变为追求综合效益，价格不再是幕墙行业的唯一竞争指标。幕墙企业竞争不再盲目杀价，伴随着业主选择理念的提升，业主更多关注幕墙企业的工程技术、质量、管理、资金等综合效益。幕墙企业从企业战略和成本效益角度出发，开始走做大、做优、做细的规模化发展道路，市场也正走向规范而理性的道路。2021 年度市场的分配情况如图 3-43 所示，华东、华南仍然是幕墙的最大市场，而华北、东北的幕墙工程量有所减少，西南地区随着成都、重庆双城区建设，幕墙市场占比显著提升，这与大力发展投资性建设有很大关联。同时，西北及华中地区市场的发展潜力依然巨大。

2021 年，多项政策为幕墙企业松绑，大企业的扩张速度将进一步加

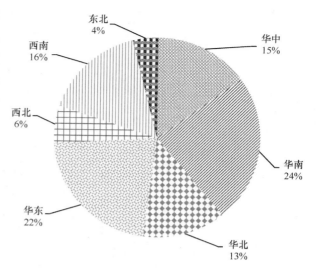

图 3-43　2021 年幕墙行业市场分配情况

快，区域保护的效用正在消失，幕墙行业的市场化竞争将更加白热化。

3.2.5　装配式装修行业情况

1. 行业发展情况

1）施工面积

住房和城乡建设部公布的数据显示，2017 年全国装配式装修面积达 185 万 m²，较 2016 年增长 8.25 倍，到 2021 年，连续 5 年增速均高于装配式建筑面积的增速，涨势迅猛。装配式装修开工面积和装配式建筑开工面积与增速分别见图 3-44 和图 3-45。

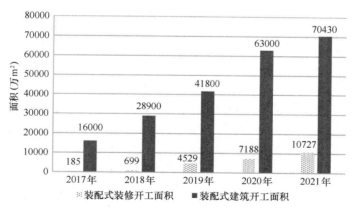

图 3-44　2017—2021 年全国装配式装修与装配式建筑开工面积

2）企业融资情况

据不完全统计，2021 年装配式装修企业融资事件数量创新高。2018—2021 年装配式装修企业融资情况见表 3-4。

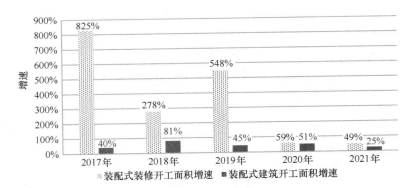

图 3-45　2017—2021 年装配式装修开工面积与装配式建筑开工面积增速

2018—2021 年装配式装修企业融资情况（节选）　表 3-4

序号	企业名称	融资规模	轮次
1	变形积木（北京）科技有限公司	数亿元	B2
2	上海秒象企业发展有限公司	数千万元	A
3	上海品宅装饰科技有限公司	数千万元	A+
4	福建省乐家物联科技有限公司	数千万元	A
5	北京维石住工科技有限公司	数千万元	战略融资
6	上海中寓住宅科技集团有限公司	数千万元	B

可以看出，装配式装修行业发展势头强劲，资本纷纷加入。一方面，行业的发展已经初具规模，已有的产品被投资方看好。同时，装配式装修能够对传统装修行业进行革新，建立更加充满活力的装修体系，也能达到国家的环保要求。

3）政府政策的持续支持

2021 年以来，多省市相继发布标准规范，以填补各地方装配式装修标准规范领域的空白。国务院出台的"十四五"规划中，要求发展数字化装配式装修，进一步推动了装配式装修的发展。

2. 不足与展望

目前，装配式装修正处于行业发展的上升期，较 2020 年，2021 年的应用范围变大，相应的落地项目增多，装配式装修有良好的发展前景，但仍存在地区发展不均衡、缺乏装修部品标准、缺乏部品的监管力度、实施能力不一以及装修部品成本较高等问题。

总体来讲，装配式装修是建筑行业内的朝阳领域，有很大的发展空间，被业界所看好。随着部品标准的完善，施工人员素质的不断提升，以及与之相关的研发试验的增多，装配式装修会成为建筑行业内的一大亮点。

3.2.6　装配式桥梁行业情况

1. 行业发展

1）上部结构预制装配技术发展

国内桥梁上部结构的预制装配技术起步于 20 世纪 60 年代。1966 年，成昆铁路旧庄河 1 号桥采用节段预制悬臂拼装连续梁桥。1990 年建成的福州洪塘大桥滩孔是国内最早采用体外预应力预制节段箱梁逐孔拼装施工的桥梁。

进入 21 世纪以后，桥梁上部结构的预制装配技术发展速度加快，一些大型桥梁项目如沪闵高架工程、苏通大桥北引桥、广州地铁四号线、崇启大桥引桥、上海长江大桥、南京长江四桥引桥、芜湖长江二桥引桥、南昌洪都大桥等都采用了节段预制拼装技术。2002 年，上海沪闵高架项目中采用了弧线型整体节段箱梁的设计。2008 年建成通车的苏通长江大桥的深水区引桥采用了 75m 跨节段预制悬臂拼装施工方法。2017 年建成通车的芜湖长江二桥引桥采用了 30～55m 跨的全体外节段拼装连续梁桥。2019 年建成通车的南昌洪都大道快速化工程引桥采用了 35 跨预制拼装节段连续梁桥。

2）下部结构预制装配技术发展

国内对于桥梁下部结构预制的全预制装配技术的研究相对较晚，于 20 世纪 90 年代初才开始了对预制拼装桥墩的研究。早期采用预制桥墩施工技术的桥梁工程有北京积水潭桥试验工程，近年来东海大桥，杭州湾大桥、上海长江大桥工程等跨海、跨江长大桥梁工程中都采用了节段拼装桥墩施工方案。其中，北京积水潭桥试验工程中的五座桥梁为承插式预制钢筋混凝土墩。东海大桥海上段 20 多千米的梁桥，下部结构墩身采用钢筋焊接或搭接，并采用湿接缝连接构造的预制节段拼装施工技术，主梁采用大吨位整体吊装技术施工，这些技术的采用确保了大桥顺利建成。

3）附属设施预制装配技术发展

随着桥梁预制装配技术和新材料的不断发展，桥梁防撞护栏、中央分隔带等附属设施的预制装配技术也随之发展，采用预制防撞护栏、中央分隔带代替现浇结构，可以加快桥梁施工进度，提高质量，并且该技术已在工程项目中得到应用和发展。中央分隔带以单独预制、现场安装为主。防撞护栏的预制装配主要为与上部结构整体预制和单独预制现场连接两大类。其中，单独预制防撞护栏现场连接目前主要有高强螺栓连接、高强新材料连接等两种形式。

4）研究热点

目前预制装配式桥梁的研究热点主要有以下几个方面。

（1）桥面板的阶段拼装和连接构造。预制装配桥面板的节段拼装及连接构造可以直接影响桥面板的整体性能和耐久性，是桥梁上部结构预制拼装的一个研究重点。常见的预制桥面板之间的连接方式包括钢筋铰孔连接、灌浆管道连接、恒载简支活载连续（SDCL）的梁-盖梁连接、梁-桥面板灌浆连接、采用超高性能混凝土（UHPC）的接缝连接等。美国内华达大学的 Shoushtari E 等以两跨预制装配式梁桥为研究对象，分别对上述提及的几种连接构造进行了振动台试验，目的是研究不同节段拼装形式的抗震性能。结果表明，在施工质量可以得到保证的前提下，在各种地震级别作用下，不同连接构造的桥梁结构都是安全可靠的。

（2）墩柱的连接工艺和节点性能。预制墩柱的连接方式直接关系到整体结构的受力性能和抗震性能，是下部结构预制装配技术研究的重点和难点。李建华等将目前的连接方式分为三大类，即钢筋对接型、区域连接型和贯通连接型。其中，以灌浆套筒为代表的钢筋对接型连接方式，以其施工方便快捷、经济实用等优点，得到最为广泛的实际工程应用，也是专家学者们最为关注的一种预制墩柱连接工艺。

（3）预制装配钢-混组合梁桥。钢-混组合梁桥可充分发挥钢材和混凝土两种材料各自的受力优势，提升桥梁结构的整体性能，而且预制装配组合梁桥可以更好地发挥钢结构的可装配性，因而逐渐成为预制装配桥梁广泛采用的一种形式。

（4）高性能材料的应用。目前，已经在预制装配式桥梁实际工程中得到应用的新材料包括超高性能混凝土、纤维增强型复合材料、高强度耗能钢筋等。其中，超高性能混凝土（UHPC）的概念自 1994 年由法国人 F. de Larrard 首次提出后，不断得到发展和完善，UHPC 在桥梁工程预制装配技术中的应用也成为最为热门的一个研究课题。

（5）预制装配桥梁在高震区的应用。桥墩是桥梁结构主要的承重和抗侧力构件，采用预制装配技术进行施工的桥墩能够保证多高程度的抗震性能，直接决定预制装配式桥梁能否在高烈度震区得到推广应用。目前，由于无法准确和充分把握预制装配式桥墩的抗震性能，这项技术的应用还主要限制于非震区和低烈度震区，因此，如何改善和提高预制装配式桥墩在地震作用中的承载能力、塑性变形能力与耗能能力，成为当前研究的一大热点。

2. 预制装配桥梁的政策分析

当前我国正处于现代工业化发展阶段，绿色、低影响的任务紧迫叠加人口红利消失，预制装配式结构迎来发展契机。装配式结构的应用为建设行业的现代工业技术发展提供了安全、高效、定制化的结构体系，受到各国的青睐。随着经济的发展和城市化进程的不断推进，我国对装配式结构的需求不断提升。近年来，国家各相关部门纷纷出台政策，为装配式结构的发展提供了政策性的方向保障。

2016 年 9 月 27 日，国务院办公厅发布《关于大力发展装配式建筑的指导意见》，提出要以京津冀、长三角、珠三角三大城市群为重点推进地区，常住人口超过 300 万的其他城市为积极推进地区，其余城市为鼓励推进地区，因地制宜发展装配式钢结构等装配式建筑，标志着装配式建筑正式上升到国家战略层面。

《"十三五"装配式建筑行动方案》明确提出，到 2020 年，全国装配式建筑占新建建筑的比例达到 15％以上，其中重点推进地区达到 20％以上，积极推进地区达到 15％以上，鼓励推进地区达到 10％以上。

全国装配式建筑政策性文件的颁布、落实，给各地装配式建筑行业的发展指明了方向，也为各地方政府结合本地实际情况发展装配式建筑、制定产业发展规划奠定了基础。

3. 评价分析

目前国内预制装配式桥梁结构研究及工程建设处于迸发式发展阶段，适应现阶段研究成果及施工经验的各项装配式桥梁建设标准也处于积极修编的阶段。规范的编制工作多数集中于工程设计、施工技术领域，缺乏对装配式混凝土桥梁整体评价的装配率、技术指标、评价方法、建设等级及内涵等方面的规定或解释。因此，建立相应的装配式桥梁评价指标体系，对于指导桥梁建设、合理配置资源及推广装配式桥梁技术具有重大的现实意义。

装配式桥梁的评价体系可分为工业化评价、装配化评价及经济评价。评价体系简图见图 3-46。

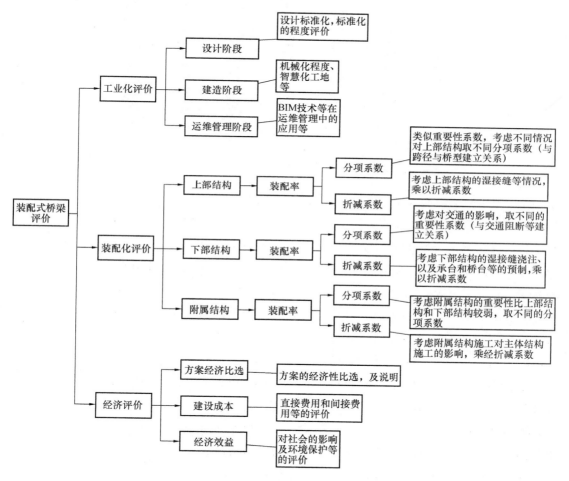

图 3-46　装配式桥梁评价体系简图

3.2.7　装配式地下工程行业情况

1. 行业整体发展情况

盾构隧道是目前国际上应用最为广泛的预制装配式地下结构，发展至今已有百余年的历史。截至 2020 年底，共有 45 个城市开通运营 244 条城市轨道交通线路，运营里程达 7969.7km。其中，地铁运营线路总长度达 6280.8km，占比 78.8%（图 3-47）。2020 年，

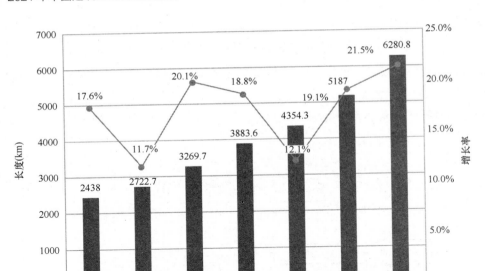

图 3-47　2014—2020 年中国地铁运营线路总长度统计及增长情况

全年新增城市轨道交通线路 39 条，新增运营里程 1240.3km，较 2020 年增长 20.1%。受新冠肺炎疫情影响，全年完成客运量较 2019 年下降约 62.9 亿人次，下降均 26.4%；随着复工复产持续推进，城市轨道交通客运量逐步回升，第四季度已恢复至 2019 年同期的 94.1%，对保障城市正常运行发挥了重要作用。我国城市轨道交通运营行业的营收主要由票务经营收入与资源经营收入两部分组成，2019 年我国城市轨道交通运营行业市场规模为 2138.8 亿元，其中票务收入占比为 80.4%。综合城轨交通票务收入与资源收入的市场规模，我国城市轨道交通运营市场规模将保持高速增长，预计 2024 年市场规模将达到 4037.4 亿元。2020 年全年共完成建设投资 6286 亿元，同比增长 5.5%，在建项目的可研批复投资累计 45289.3 亿元，在建线路总长 6797.5km，在建线路规模与上年接近，年度完成建设投资创历史新高。"十三五"期间，累计新增运营线路长度为 4351.7km，年均新增运营线路长度 870.3km，年均增长率 17.1%，创历史新高，比"十二五"年均投入运营线路长度 403.8km 翻了一倍还多，5 年新增运营线路长度超过"十三五"前的累计总和；累计完成建设投资 26278.7 亿元，年均完成建设投资 5255.7 亿元，比"十二五"翻了一倍还多；累计共有 35 个城市的新一轮城轨交通建设规划或规划调整获国家发展和改革委员会批复并公布，获批项目中涉及新增规划线路长度总 4001.74km，新增计划投资合计约 29781.91 亿元。随着城市轨道运营、建设、规划线路规模和投资跨越式增长，城轨交通持续保持快速发展趋势[28]。

2021 年《装配式钢结构地下综合管廊工程技术规程》T/CECS 977—2021 发布，对于行业产业化、标准化、规模化的发展都有至关重要的推动作用。截至 2017 年底，我国地下综合管廊开工长度已达 4700km，形成廊体超过 2500km，仅江苏省就建成地下综合管廊超过100km，在建管廊超过150km，计划在"十三五"期间投资200亿元，建成地下综合管廊300km。我国已成为世界上城市地下综合管廊建设规模最大的国家。

2018年，我国首批明挖装配式地铁车站在长春地铁2号线成功建成，并顺利运营通车，并在后续的工程及青岛、深圳等地铁工程中得到推广应用，目前，国内已建和在建车站数量达30座。

2. 试点情况

为解决冬期施工及工期紧张问题，2014年长春地铁2号线工程正式启动了"预制装配式地铁车站成套技术研究与应用"的研究工作。首先开展研究和应用的试验段选在袁家店站（现双丰站），随后又分别展开了另外4座车站的应用工作。截至目前，已经成功运营开通5座预制装配式地铁车站，车站主体为单拱大跨结构，采用"全装配式结构"，并在后续的工程及青岛、深圳等地铁工程中得到推广应用，目前，国内已建和在建车站数量达30座[29]。

3. 发展存在的问题

部分地方政府片面追求大断面、大系统、总里程、总规模，造成建设成本高、资源浪费。同时，有的城市在建设城市地下综合管廊时，未能开展地下空间综合规划工作，造成城市地下综合管廊占用了宝贵的地下空间资源，影响到了城市轨道交通建设等城市远景发展。

工程建设各方的装配式建造责任及社会保证制度尚未明确，装配式建造推动工作的法律法规支撑不足。

目前建造活动还处于设计和施工标准相对割裂的状态，规范体系尚未健全，尚未有装配式建造体系性的标准规范。

3.2.8　绿色建造行业情况

1. 行业整体发展情况

国内绿色建筑行业自2006年起步，目前新增绿色建筑占比过半。2006年第1版《绿色建筑评价标准》发布，标志我国绿色建筑正式起航。2016—2019年，我国城镇累计绿色建筑面积从12.5亿 m^2 增长至超过50亿 m^2，复合年均增长率超过58.7%。截至2020年底，全国绿色建筑面积累计达到66.45亿 m^2。根据2020年住房和城乡建设部、国家发展和改革委员会等多部门发布《绿色建筑创建行动方案》，并提出到2022年，当年城镇新建建筑中绿色建筑面积预计占比将达到70%。根据住房和城乡建设部数据推算，2020年我国绿色建筑行业整体规模约为3.4万亿元，同比增长超过20%。预计到"十四五"末期，2025年我国的绿色建筑市场总规模有望达到6.5万亿元，5年的复合增速有望达到12%～13%。

2021年10月中共中央办公厅、国务院办公厅联合发布的《关于推动城乡建设绿色发展的意见》指出，到2025年，城乡建设绿色发展体制机制和政策体系基本建立。到2035

年，城乡建设全面实现绿色发展。2017 年住房和城乡建设部发布的《建筑节能与绿色建筑发展"十三五"规划》提出：到 2020 年，城镇新建建筑能效水平比 2015 年提升 20％，城镇新建建筑中绿色建筑面积比重超过 50％，绿色建材应用比重超过 40％，全国城镇既有居住建筑中节能建筑所占比例超过 60％。表 3-5 为"十三五"建筑节能和绿色建筑发展情况。

"十三五"建筑节能和绿色建筑发展情况 表 3-5

主要指标	"十三五"实现情况
既有建筑节能改造面积（亿 m^2）	7.0
建设超低能耗、近零能耗建筑面积（亿 m^2）	0.1
城镇新建建筑中装配式建筑比例	20.5％
新增建筑太阳能光伏装机容量（亿 kW）	0.72
新增地热能建筑应用面积（亿 m^2）	9.0
城镇建筑可再生能源替代率	6％
建筑能耗中电力消费比例	49％

"全国绿色建材评价标识管理信息平台"数据显示，截至 2021 年 3 月 20 日，全国绿色建材三星级评价机构有 4 家，一、二星级评价机构有 85 家。据统计，截至 2021 年年底全国已累计颁发绿色建材产品认证证书近 1800 张。其中，中国国检测试控股集团股份有限公司（以下简称"国检集团"）已累计颁发绿色建材认证证书 500 余张，证书总量居全国首位，并为多个行业颁发首张证书。国检集团属于中国建材集团的高技术服务业务板块，是中央企业系统内唯一一家检验认证主板上市公司，是国内建筑和装饰装修材料及建设工程领域内规模最大，且覆盖环保、绿色、安全、健康、节能等领域综合型第三方检验认证技术的服务机构。

2016 年，中国的绿色建筑技术服务业务（含生态规划）产值已达到 100 亿元左右。2020 年绿色建筑技术服务行业规模约为 250 亿元，2016—2020 年年均增长率为 15％～20％。随着我国碳中和时代的到来，未来 5 年绿色建筑技术服务行业产值规模年均增长率可达到 40％～50％，到 2025 年，行业规模将达到 1500 亿元左右。

2. 试点情况

湖州市以全国首个唯一的绿色建筑和绿色金融协同发展试点为契机，先行先试、大胆实践，全力推进绿色建筑和绿色金融的融合共进、互促发展。湖州市住房和城乡建设局深度挖掘全市新建、改建建筑项目，编制全市绿色建筑重点项目库，入库项目 282 个、总建筑面积 1836.87 万 m^2。此外，湖州市将南太湖新区 22km^2 的长东片区规划建设为绿色建筑发展示范区，将 10.35km^2 的吴兴区东部新城规划了二星级绿色生态城区，全力引领全市绿色建筑品质化、规模化发展。在绿色金融的大力支撑下，湖州新建建筑执行绿色建筑标准达到 100％，二星级及以上绿色建筑占比达 29.6％，超过省定目标的 3 倍。2020 年通过审查绿色建筑 271 项，面积约 1640.3 万 m^2，高星级绿色建筑占比从 2018 年的 15.6％

跃升至 30.0%。

全市已建成 25 个装配式建筑生产基地，培育 15 家三星级绿色建材生产企业，初步形成了辐射长三角、具有规模优势的绿色建材集群。图 3-48 为湖州市扶持建设的浙江大东吴装配式产业基地，打造了绿色装配式建筑智造中心、绿色节能墙体智造中心、混凝土生产及回收处理中心、一体化集成装饰智造中心、绿色建筑科技研发中心，基本覆盖了从"研发—材料—生产—建造—装饰—服务"的整个绿色建筑产业链。

图 3-48 浙江大东吴装配式产业基地鸟瞰图

3. 发展存在的问题

虽然我国在绿色建造方面取得一系列成果，总体上具备了发展绿色建造的基础和条件，但按照绿色建造体系实施的建设项目还较少，具体表现如下。

1）相关法律法规体系尚需完善

工程建设各方的绿色建造责任及社会保证制度尚未明确，绿色建造推动工作的法律法规支撑不足。

2）绿色建造标准不够健全

建造活动目前还处于设计和施工标准相对割裂的状态，规范体系尚未健全，尚未有绿色建造体系性的标准规范。

3）政策执行缺乏有效监督

绿色建造行业监管涉及多部门，职能分割现象普遍，各监督执法部门分立，监督人员分别开展监督工作，容易出现行政越位、缺位、错位和重叠。

3.2.9 智能建造行业情况

随着国家积极大力推动智能建造发展，赋能建筑业转型升级，按照《住房和城乡建设部等部门关于推动智能建造与建筑工业化协同发展的指导意见》（以下简称《意见》），涌现了一批智能建造新技术新产品创新服务典型案例。

其中广东省住房和城乡建设厅推荐单位最多，以 17 家数量领先，北京以 16 家推荐数紧随其后。地区智能建造企业典型案例的落地，离不开政府的政策支持和优良的行业环境，江苏、山东、四川、北京和广东在这方面做得较好，见图 3-49。

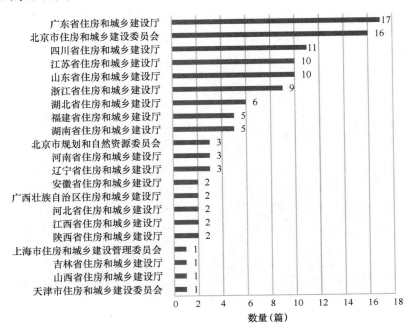

图 3-49　智能建造发展情况

2021 年 8 月，住房和城乡建设部办公厅发布《智能建造与新型建筑工业化协同发展可复制经验做法清单（第一批）的通知》。此次发布的清单正是《意见》实施后的试验结果，对智能建造未来的发展具有相当重要的指导意义。其中包含"发展数字设计""推广智能生产""推动智能施工""建设建筑产业互联网平台""研发应用建筑机器人等智能建造设备"和"加强统筹协作和政策支持"六大方向的各种主要措施，来源遍布各地，见表 3-6。

2021 年智能建造政府相关工作任务及举措　　　　　　　　　表 3-6

序号	工作任务	主要举措	来源
1	发展数字设计	明确实施范围和要求	上海市、湖南省、重庆市、广东省深圳市福田区
		强化工程建设各阶段 BIM 应用	上海市、重庆市、河北雄安新区、广东省广州市
		采用人工智能技术辅助审查施工图	广东省深圳市、重庆市万科四季花城项目
		给予财政资金奖补等鼓励政策	山东省、重庆市，福建省厦门市、广东省深圳市南山区

序号	工作任务	主要举措	来源
2	推广智能生产	建立基于BIM的标准化部品部件库	湖南省、四川省、广东省深圳市长圳公共住房项目
		打造部品部件智能生产工厂	上海市嘉定新城金地菊园社区项目、广东省深圳市长圳公共住房项目、广东省湛江市东盛路钢结构公租房项目、重庆市美好天赋项目
		建立预制构件质量追溯系统	江苏省南京市江宁区、湖南省长沙市
3	推动智能施工	制定统一的智慧工地标准	江苏省、四川省成都市
		推进基于BIM的智慧工地策划	上海市嘉定新城金地菊园社区项目、重庆市绿地新里秋月台项目
		夯实各方主体责任	北京市、浙江省、重庆市
4	建设建筑产业互联网平台	制定建设指南	四川省
		政府搭建公共服务平台	湖南省
		积极培育垂直细分领域行业级平台	湖南省、四川省
		鼓励大型企业建设企业级平台	广东省深圳市长圳公共住房项目、重庆市万科四季花城三期项目
5	研发应用建筑机器人等智能建造设备	普及测量机器人和智能测量工具	广东省深圳市长圳公共住房项目、广东省佛山市顺德凤桐花园项目
		推广应用部品部件生产机器人	上海市嘉定新城金地菊园社区项目、广东省深圳市长圳公共住房项目、重庆市美好天赋项目
		加快研发施工机器人和智能工程机械设备	广东省佛山市顺德凤桐花园项目
6	加强统筹协作和政策支持	建立协同推进机制	陕西省
		加大土地、财税、金融等政策支持	江西省、重庆市、陕西省

目前智能建造产业发展的客观驱动因素，包括以下四个方面。

（1）建筑业高质量发展要求的驱使。建筑业要走高质量发展之路，必须从"数量取胜"转向"质量取胜"，从"粗放式经营"转向"精细化管理"，从"经济效益优先"转向"绿色发展优先"，从"要素驱动"转向"创新驱动"。要实现这些转变，智能建造是重要手段。

（2）建筑工程品质提升的需要。经济发展的立足点和落脚点是最大限度满足人民群众日益增长的美好生活的需要，其中，工程品质提升是公众的重要需求。工程品质的"品"是人们对审美的需求；"质"是工艺性、功能性以及环境性的大质量要求。推进智能建造是加速工程品质提升的重要方法。

（3）改变建筑业作业形态的有力抓手。建筑业属于劳动密集产业，现场需要大量人工，如何坚持"以人为本"的发展理念，改善作业条件，减轻劳动强度，尽可能多地利用建筑机器人取代人工作业，已经成为建筑业寻求发展的共识。

（4）提升工作效率，推动行业转型升级的必然。目前建筑业劳动生产率不高，主因是缺少可以实现建造全过程、全专业、全参与方和全要素协同实时管控的智能建造平台缺少便捷、实用和高效作业的机器人施工。

智能建造已逐渐成为促进我国建造行业转型升级的核心驱动力，以信息化、数字化、智能化为代表的新型建造理念，正深刻变革行业生产逻辑，掀起产业革命的浪潮。未来已来，我国建造行业要牢牢把握这一历史性机遇，以产业化为导向，以智能化为抓手，促进建造方式从粗放式、碎片化向精细化、集成化转型升级，提升整个行业的建造和管理水平，真正实现中国建造高质量发展。智能建筑技术及其在建造行业的应用包含以下四个方面。

1. BIM 技术

BIM 技术是一种贯穿建筑全生命周期的先导设计，作为装配式建筑产业重要的一环，尽管在我国 BIM 技术起步较晚，但一经出现，快速受到政府、企业、高校、科研院所的高度关注，经过十余年的发展，全国各地 BIM 技术应用规划、标准指南、推广组织等 BIM 技术应用环境日趋完善，人才培养与技术交流活动如火如荼，在 BIM 技术与工程建设深度融合与应用过程中，其技术价值也逐渐得到体现。

在技术领域，我国 BIM 行业技术集约化程度较低，行业标准完善度不高，尤其是针对设计、施工和运维各环节的标准尚待完善。BIM 技术主要在上海、北京等地的建筑项目中得以应用。随着 BIM 标准体系的不断推出、企业接受度的逐渐提高，BIM 的行业应用将持续加深，市场空间将进一步放大。

在项目领域应用方面，根据《中国建筑业 BIM 应用分析报告（2020）》中调研 31 个省市自治区的 1247 份有效问卷所提供数据，从企业 BIM 应用的时间上看，已应用 3～5 年的企业比例最高，达到 29.75%；其次是应用 5 年以上的企业，占 28.07%；已应用 1～2 年的企业占 14.92%；应用不到 1 年的企业占 5.61%；仍未使用的企业仍有 17.08%，如图 3-50 所示。

在调研结果中，从项目类型层面看，BIM 应用集中在居住建筑类建筑和公共建筑类房建项目中，其中公共建筑类占比 73.54%。值得注意的新变化是，基建类建设工程也开始了对 BIM 应用价值的探索，占比 34.24%，如图 3-51 所示。

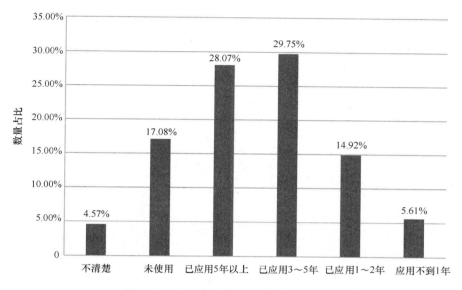

图 3-50　2020 年企业 BIM 技术应用年限

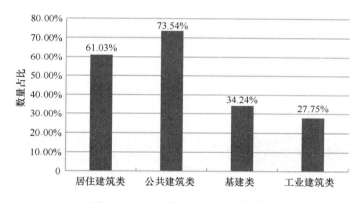

图 3-51　BIM 技术应用的项目类型

BIM 技术在居住建筑、公共建筑等重大工程建设中,与平行行业如三维扫描、倾斜摄影、3D 打印和数字孪生建设等技术深度融合,经过专家学者的不断研究探索,涌现了一批批资金充裕、技术领先的高精尖企业,带领建筑行业跨出智能建造最坚实的一步。

2. 人工智能

随着我国政府高度重视人工智能的技术进步与产业发展,人工智能已上升至国家战略。《新一代人工智能发展规划》提出:到 2030 年,人工智能理论、技术与应用总体达到世界领先水平,成为世界主要人工智能创新中心。《新一代 AI 产业发展三年行动计划》表明:重点扶持神经网络芯片,实现人工智能芯片在国内实现规模化应用。《国家新一代人工智能标准体系建设指南》明确:到 2023 年,初步建立人工智能标准体系,重点研制数据、算法、系统等重点急需标准,并率先在制造、交通等重点行业和领域进行推进。

如图 3-52 所示，据统计，2020 年中国人工智能行业核心产业市场规模为 1513 亿元，同比上涨 38.93%，带动相关产业市场规模为 5726 亿元，同比上涨 49.82%。在新产业、新业态、新商业模式经济建设的大背景下，企业对人工智能的需求逐渐升温，人工智能产值的成长速度令人瞩目，预计到 2025 年，人工智能行业核心产业市场规模将达到 4533 亿元，带动相关产业市场规模约为 16648 亿元。

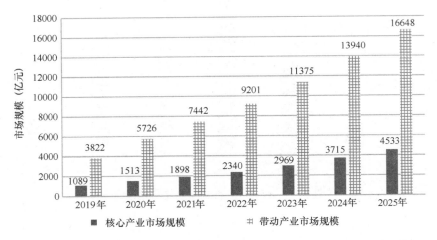

图 3-52　2019—2025 年中国人工智能行业核心产业市场规模及增速趋势预测图

2020 年住房和城乡建设部发文《同意在深圳市开展建筑工程人工智能审图试点》，一石激起千层浪。上述文件从政府角度将人工智能与建筑结合的 AI 审图带入更多人的视野，如图 3-53 所示。

图 3-53　人工智能的技术进步与产业发展示意图

据公开资料显示，2020 年万科企业股份有限公司（以下简称"万科"）接入 AI 审图后，AI 审图功能如表 3-7 所示，累计审查超 13 万张图纸，设计问题减少 78%，平均每年避免潜在损失超 3.1 亿。AI 审图效率是人工的 8.7 倍。2021 年启动市场化至今，万科 AI 审图为超过 90 家地产、设计院及政府机构提供了审图服务。

万科 AI 审图功能

表 3-7

服务内容	具体功能
图纸管理	通过图纸目录对比，检查图纸完整性； 支持图纸及图框预检查，可在线补充图框信息
图纸智能审查	自定义规范审查范围，AI 一键审图在线看图，支持人机联审、双栏展示叠图审图结果、AI 自动生成审图报告
结构计算书审查	支持构建截面、配筋及文本计算书参数的智能审查
审查价值挖掘	问题价值解析，提前感知设计问题带来的潜在风险 AI 自动生成审图数据报表，为企业提供设计管理支持

现阶段，各行业企业在改善价值链、降本增效的内在需求下，驱动人工智能产业快速发展，产生了多样化的智能化转型升级需求，AI 审图可能只是建筑业中的冰山一角，更多的如 AI 施工行为识别、AI 自动绘图、AI 运维等蓝海产业亟待发掘。

3. 智能设备

在"智能设备"方面，我国现代建筑工程的相关技术研究和应用目前仍处于初期阶段，部分核心技术依赖从国外引进，对先进智能建造装备依赖程度较高，50% 以上的智能建造设备需要进口。尤其是智能建造设备的核心——人工智能，如表 3-8 所示，以美国、英国等为代表的发达国家走在世界发展前列，德国更是早在 2012 年就推行"工业 4.0 计划"，以服务机器人为重点加快智能机器人的开发和应用。

普通制造业机器人流水线通常采用现场编程的方式，不适用于复杂多变的建筑建造过程。建筑机器人编程应以离线编程为基础，需要与高度智能化的现场建立实时连接以及实时反馈，从而适应复杂的现场施工环境。因此，为充分发挥建筑机器人的潜力，相关的软件开发将成为行业内关心的问题。

国内外智能建造技术发展对比

表 3-8

技术发展	国内	国外
基础理论和技术体系	基础研究能力不足，对引进技术的消化吸收力度不够，技术体系不完整，缺乏原始创新能力	拥有扎实的理论基础和完整的技术体系，对系统软件等关键技术的控制，先进的材料和重点前沿领域的发展
中长期发展战略	虽然发布了相关技术规则，但总体发展战略尚待明确，技术路线不够清晰，国家层面对智能建造发展的协调和管理尚待完善	金融危机后，众多工业化发达国家将包括智能建造在内的先进制造发展上升为国家战略
智能建造装备	对引进的先进设备依赖度高，50% 以上的智能建造设备需要进口	拥有精密测量技术、智能控制技术、智能化嵌入式软件等先进技术
关键智能建造技术	高端装备的核心控制技术严重依赖进口	拥有实现建造过程智能化的重要基础技术和关键零部件

续表

技术发展	国内	国外
软硬件	重硬件轻软件现象突出，缺少智能化高端软件产品	软件和硬件双向发展，"两化"程度高
人才储备	智能产业人才短缺，质量较弱	全球顶尖学府的高级复合型研究人才

在大数据时代，开发出一套高效精准、行之有效的建筑机器人云建造系统，可以使设计能完整地从三维模型转译为机器人数据代码，进一步借助建筑机器人实现精确预制或现场制造，也是整个行业的发展趋势。

在建筑施工现场，建筑机器人不仅需要复杂的导航能力，还需要具备在脚手架上或深沟中移动作业、避障等能力。基于传感器的智能感知技术是提高建筑机器人智能性和适应性的关键环节。传感器系统要适应非结构化环境，也需要考虑高温恶劣天气条件、充满灰尘的空气、极度的振动等环境条件对传感器响应度的影响，保证建筑机器人的建造精度。此外，考虑到在大型建造项目尤其是高层建筑建造中，建筑机器人任何困难的碰撞、磨损、偏移都可能造成灾难性的后果，因此未来的建筑机器人的感知系统必须有足够的冗余度。

与通用机器人相比，建筑机器人需要具备较大的承载能力和作业空间。在建筑施工过程中，建筑机器人需要操作幕墙玻璃、混凝土砌块等建筑构件，因此对机器人的承载能力提出了更高的要求。这种承载能力可以依靠机器人自身的机构设计，也可以通过与起重、吊装设备协同工作来实现。同时，现场作业的建筑机器人需具有移动能力或较大的工作空间，以满足大范围建造作业的需求。未来，在建筑施工现场，可以采用轮式移动机器人、履带机器人及无人机实现机器人移动作业功能。进一步来说，为集成现有建造工艺，改善工作环境，以高层建筑"空中造楼机"为雏形的集成一体化建造系统将受到更多关注。

4. 智慧运维

智慧社会是社会文明发展的新阶段，其建设过程中将"人、服务、管理"的需要作为规划重点，并借助信息化、数字化手段加以实现，其建设可达到提高社会治理效率和公共服务水平的目的。

智慧建筑作为智慧社会的重要组成"细胞"，兼备信息设施系统、信息化应用平台、建筑设备管理系统，把结构、系统、服务、管理各系统优化组合为一体，在实现智慧功能时，能够有效保障智慧建筑、智慧园区、智慧城市的有效运行。基于"提高建筑质量、提升楼宇运维效能"的建设管理目标，智慧运维旨在实现以楼宇建造为基础、信息化平台为支撑，贯穿建筑全生命周期，实现建筑全过程、全方位、全特性的虚拟仿真与智慧管理。

未来，智能设备类前沿技术产品将越来越多地应用于智慧建筑生产、施工，智能建造业整体水平将实现大跨度的飞跃。在当前经济全球化、国际市场竞争趋于激烈的背景下，我们应顺应国际趋势，抢占行业技术竞争和未来发展制高点，最终提升我国建筑业的国际竞争力。

第4章 建筑工业化项目总体情况

4.1 装配式建筑项目总体情况

4.1.1 钢结构装配式建筑项目总体情况

在瑞达恒网站搜索 2021 年开工的钢结构项目情况，可以搜到共有 1231 项。按照各省、自治区、直辖市开工的钢结构装配式项目数量分析，排名前三的是浙江、上海、江苏，如图 4-1 所示。按照项目投资额来看，名列前茅的是浙江、上海、广东三地，如图4-2所示。

按涉及的建筑类型，可将钢结构装配式项目分为工业、商业、住宅、公共建筑和基础设施五类。如图 4-3 所示，从 2021 年开工的钢结构装配式项目类型分布情况中可以看出，涉及商业与公共建筑的项目占比最多，涉及工业的项目占比紧随其后，基础设施类项目较少。

2020 年新开工的钢结构项目为 717 项，图 4-4 为 2020 年开工的钢结构装配式项目类型分布情况，2021 年新开工项目数量多出 514 项。从项目类型分布上看，公共建筑比例上升，商业项目与住宅项目比例下降，反映了市场对该类项目的投资意愿降低。

4.1.2 装配式混凝土建筑项目总体情况

建筑业的发展离不开经济基础的支撑，中国华东地区整体经济发展水平较高，同时拥有较为完善的交通运输网络，在政策支持推动之下，装配式建筑产业得到良好发展。从区域分布看，北京市和山东省装配式建筑项目较多，占全国装配式建筑项目的比重均为 15%；其次是上海和江苏、浙江等地，项目占比分别是 14%、13% 和 7%；湖北省装配式建筑项目占比为 8%。

4.1.3 木结构装配式建筑项目总体情况

据不完全统计，2021 年新开工的木结构装配式建筑项目总数为 71 个，各地的分布情况如图 4-5 所示。可见，2021 年新开工的木结构装配式建筑项目以江苏最多，其次是四川、浙江、广东、北京、甘肃、上海等地。

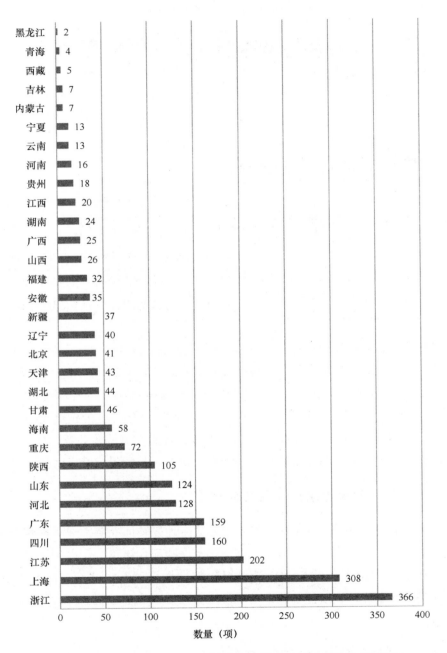

图 4-1　2021 年各省、自治区、直辖市钢结构装配式项目开工数量图

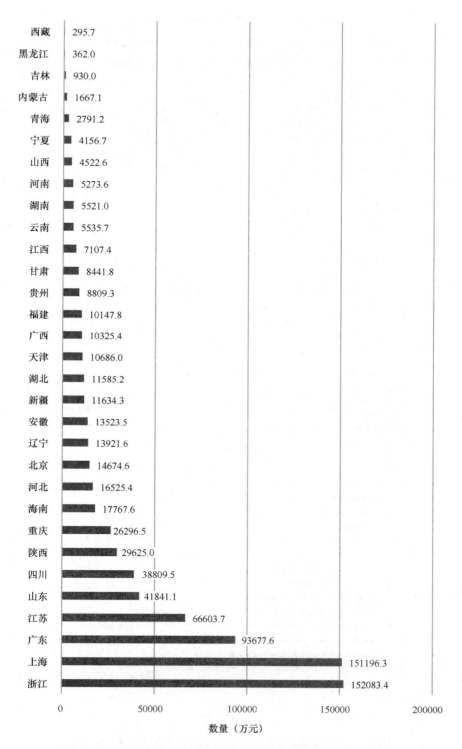

图 4-2　2021 年各省、自治区、直辖市钢结构装配式项目投资额

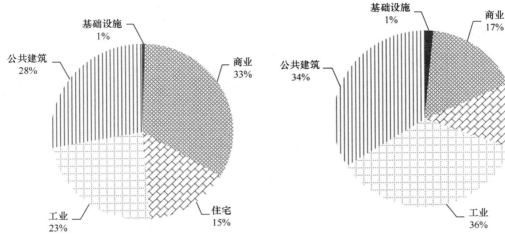

图 4-3 2021 年开工的钢结构装配式项目
类型分布情况

图 4-4 2020 年开工的钢结构装配式项目
类型分布情况

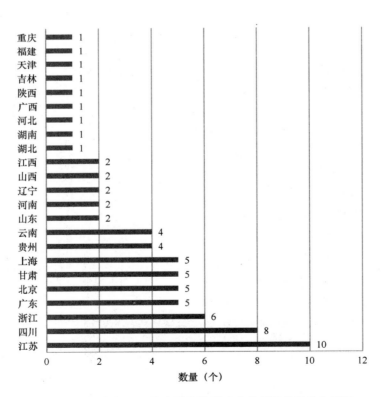

图 4-5 2021 年新开工的木结构装配式建筑项目各地分布情况

4.1.4　绿色建造项目总体情况

在"十三五"期间,我国绿色建筑发展整体上步入了一个新的台阶,进入全面、高速发展阶段。在项目数量上,继续保持着规模优势,见图 4-6。目前,国家绿色建筑评价标识累计已超 2.47 万个,建筑面积超过 25.69 亿 m^2。

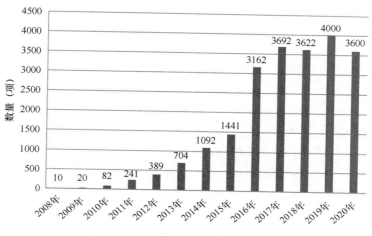

图 4-6　全国绿色建筑标识项目数量情况

4.2　装配式桥梁项目总体情况

截至 2020 年 11 月,国内已建工程中,采用预制装配桥梁技术的桥梁工程总里程约达到 110km,其中上海市采用预制装配技术的项目十余个,总里程约达 48km。具体桥梁工程项目统计见表 4-1。

2020—2021 年国内采用预制装配桥梁技术的桥梁工程项目统计　　　　表 4-1

序号	地方	工程名称	里程(km)	预制桥墩连接模式
1	上海	S3 公路工程先期实施段	3.1	灌浆波纹管、灌浆套筒、UHPC 湿接缝
2	上海	A30 沿江通道(浦东段)	—	灌浆套筒
3	上海	沿江通道越江通道(江杨北路—牡丹江路)新建工程	1.3	灌浆套筒
4	上海	轨道交通 5 号线南延伸工程	0.1	灌浆套筒、竖向预应力连接
5	四川	成都三环路扩能提升工程	3.0	灌浆套筒、竖向预应力连接
6	湖南	长沙湘府路快速化工程	9.0	灌浆套筒
7	天津	中新天津生态城航海道跨海滨大道连接力高匝道桥工程	0.7	灌浆套筒
8	四川	成都三环蓝天立交改造工程	2.2	灌浆套筒连接

续表

序号	地方	工程名称	里程（km）	预制桥墩连接模式
9	安徽	合肥合安高速改扩建工程	1.8	承插式（PHC 管桩做预制立柱）
10	江苏	312 国道南京绕越高速公路至仙隐北路段改扩建工程 SG5 标段	7.3	套筒多通道同步灌浆
11	湖北	江北高速公路	61.9	承插式（PHC 预制管桩）
12	河南	四港联动大道	3.5	灌浆套筒
13	上海	军工路快速路新建工程	7.3	灌浆套筒
14	上海	沿江通道西延伸（江杨北路—富长路）改建工程	3.9	灌浆套筒、灌浆波纹管
15	浙江	绍兴市越东路及南延段（杭甬高速—绍诸高速平水口）智慧快速路	16.7	灌浆套筒
16	浙江	绍兴市 S308 省道（二环西路智慧快速路）改造工程勘察设计项目	9.0	灌浆套筒、湿接缝
17	江苏	南京 G312 改扩建工程	5.0	湿接缝、灌浆套筒、灌浆波纹管
18	江苏	五峰山过江通道公路接线	5.0	—
19	江苏	京沪高速改扩建工程	5.3	湿接缝、灌浆金属波纹管、灌浆套筒/承插式
20	江苏	南京 S126 市政配套工程	12.0	湿接缝/CLS 干接缝、灌浆金属波纹管、灌浆套筒
21	江苏	阜溧高速建湖至兴化段工程	5.1	灌浆金属波纹管、承插式
22	江苏	五峰山全预制装配式试验桥梁	—	灌浆金属波纹管、灌浆套筒和芯榫连接
23	江苏	徐州徐韩公路快速化改造	5.0	湿接缝、灌浆金属波纹管、灌浆套筒
24	江苏	扬州江平西路快速化改造	0.5	灌浆金属波纹管、灌浆套筒
25	江苏	南京宏运大道快速路建设工程	1.3	灌浆金属波纹管、灌浆套筒
26	江苏	盐城市城北地区快速路网建设工程	3.6	湿接缝、灌浆金属波纹管、灌浆套筒
27	江苏	六安 G312 快速化改造工程	3.5	湿接缝、灌浆金属波纹管、灌浆套筒
28	江苏	312 国道（宁镇界至七乡河段）建设工程	2.0	湿接缝、灌浆金属波纹管、灌浆套筒
29	广东	汕尾梅陇特大桥	5.5	灌浆金属波纹管、湿接缝

4.3 装配式地下项目总体情况

4.3.1 装配式公路隧道

根据北京智研科信咨询机构发布的《2021—2027 年中国公路隧道行业市场全景调查

及投资前景分析报告》显示，2015—2020 年中国公路隧道数量呈逐年增长趋势，2020 年中国公路隧道数量为 21316 处，同比增长 11.80％；2015 年以来，中国公路隧道长度呈直线上升，2020 年中国公路隧道长度已达 2199.93 万延米，同比增长 15.99％，如图 4-7 所示。

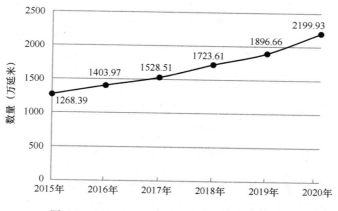

图 4-7　2015—2020 年中国公路隧道长度情况

　　2015—2020 年中国特长隧道及长隧道数量均呈逐年增长态势，2020 年中国特长隧道数量为 1394 处，较 2019 年增长 219 处；长隧道数量为 5541 处，较 2019 年增长 757 处，如图 4-8 所示。2020 年中国特长隧道长度为 623.55 万延米，同比增长 19.51％；长隧道长度为 963.32 万延米，同比增长 16.58％，如图 4-9 所示。

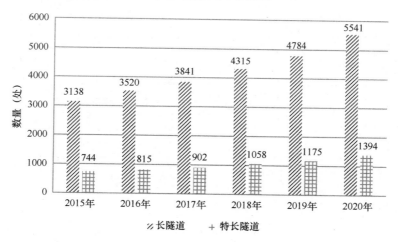

图 4-8　2015—2020 年中国特长隧道及长隧道数量情况

　　对于装配式公路隧道，最常用的两种施工方法是盾构法和沉管法，中国近 10 年采用装配化施工方法的典型水下公路隧道如表 4-2 所示。从表 4-2 可以看出，刚开始采用盾构法的水下公路隧道主要位于江浙沪地区，之后该施工方法开始在湖南、天津、湖北、广东等地应用。

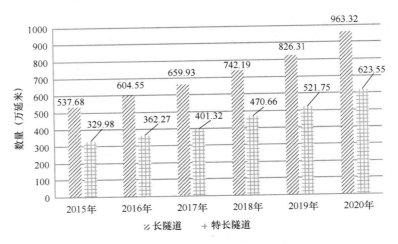

图 4-9 2015—2020 年中国特长隧道及长隧道长度情况

中国近 10 年已建成（2019 年前）的部分典型装配式水下公路隧道[30]　　　表 4-2

序号	隧道名称	隧道长度（km）	断面尺寸	跨越江域	施工方法	建成年份
1	上海打浦路越江隧道复线	2.97	ϕ11.22m	黄浦江	盾构法	2010
2	上海龙耀路越江隧道	4.0407	ϕ11.58m	黄浦江	盾构法	2010
3	南京长江隧道	5.8537	ϕ14.93m	长江	盾构法	2010
4	杭州庆春路过江隧道	3.08	ϕ11.67m	钱塘江	盾构法	2010
5	上海军工路越江隧道	3.05	ϕ14.87m	黄浦江	盾构法	2011
6	杭州沿江大道运河隧道	1.19	ϕ11.68m	京杭运河	盾构法	2012
7	扬州瘦西湖隧道	4.40	ϕ14.50m	瘦西湖	盾构法	2013
8	长沙南湖路湘江隧道	2.96	ϕ11.65m	湘江	盾构法	2013
9	江阴澄江西路通道	1.28	ϕ11.58m	锡澄运河	盾构法	2013
10	杭州钱江隧道	4.45	ϕ15.43m	钱塘江	盾构法	2014
11	中央大道海河隧道	3.32	36.60m×9.65m	海河	沉管法	2014
12	沈家门港海底隧道	0.39	10.00×3.65m	东海	沉管法	2014
13	上海虹梅南路隧道	5.26	ϕ14.93m	黄浦江	盾构法	2015
14	南京纬三路过江通道	5.29	ϕ14.93m	长江	盾构法	2016
15	南昌红谷隧道	2.65	30.00m×8.50m	赣江	沉管法	2017
16	港珠澳大桥海底沉管隧道	5.60	37.95m×11.40m	伶仃洋	沉管法	2018
17	武汉三阳路长江隧道	4.65	ϕ15.76m	长江	盾构法	2018
18	广东珠海马骝洲交通隧道	2.20	ϕ14.93m	马骝洲水道	盾构法	2018
19	周家嘴路越江隧道	4.45	ϕ14.93m	黄浦江	盾构法	2019
20	杭州望江路过江隧道	3.24	ϕ11.71m	钱塘江	盾构法	2019
21	常德沅江过江隧道	2.24	ϕ11.71m	沅江	盾构法	2019

随着国内对建筑结构装配化的要求逐渐提高，公路隧道的装配化不仅仅是外部衬砌结构的预制拼装，隧道内部结构也出现了装配化的趋势。国内典型城市公路隧道内部结构装配化施工情况如表 4-3 所示。

国内典型城市公路隧道内部结构装配化施工情况[31]　　　　表 4-3

序号	隧道名称	隧道内径（m）	内部结构形式	建成年份
1	上海延安东路隧道南线	9.90	单层，中间 T 形刚架＋两侧预制车道板	1989
2	上海西藏南路越江隧道	10.36	单层，中间 T 形刚架＋两侧预制车道板	2010
3	上海复兴东路隧道	10.04	双层，管片上预制牛腿，车道板架设在牛腿上	2004
4	上海人民路越江隧道、上海龙耀路越江隧道、上海新建路越江隧道	10.36	单层，中间口字形构件＋两侧预制车道板	2009、2010、2009
5	上海上中路隧道、上海军工路隧道	13.30	双层，下层 π 形构件＋两侧钢筋混凝土充填，上层现浇	2009
6	上海外滩隧道	12.75	双层，下层口字形构件＋两侧预制车道板，上层现浇	2011
7	上海虹梅南路隧道	13.30	单层，口字形构件＋两侧预制车道板，烟道板现浇	2015
8	上海长江隧道、杭州钱江隧道	13.70	单层，口字形构件＋两侧预制车道板，烟道板现浇	2009、2014
9	武汉长江隧道	10.00	车道结构现浇；烟道板采用钢结构	2008
10	南京长江隧道	13.30	中间箱涵预制，两侧行车道板现浇	2010
11	杭州庆春路过江隧道	10.30	单层，车道结构现浇	2010
12	武汉市三阳路长江隧道（公轨合用）	13.90	口字形构件＋两侧车道板预制	2018
13	南京纬三路过江隧道	13.30	双层，下层口字形构件＋两侧素混凝土填充，上层预制拼装，立柱现浇	2016

4.3.2　装配式综合管廊

1958 年，北京在天安门广场附近铺设了第一条 1076m 的地下管廊。1994 年，上海在开发浦东新区时修建了总长 11km 的地下管廊，标志着综合管廊建设在我国的正式起步。2002 年上海在嘉定区建设了 5.8km 的管廊；2003 年广州大学城建设了总长约 17km 的管廊；2006 年北京建成了中关村西区的管廊。

2015 年我国公布了第一批地下综合管廊试点城市名单：包头、沈阳、哈尔滨、苏州、厦门、十堰、长沙、海口、六盘水、白银。截至 2019 年，各首批综合管廊试点城市的建设情况如表 4-4 所示。

首批综合管廊试点城市的建设情况   表 4-4

城市	建设情况
包头	目前，全区地下综合管廊建成约 44km，在建 69km
沈阳	老城区干线综合管廊将形成"一环三纵"的管廊布局结构，长 88km
哈尔滨	松江避暑城综合管廊项目，主廊长度 21870m，支廊长 2523m；哈南工业新城综合管廊项目，主廊长 11843m，支廊长 1255.5m；群力西区综合管廊，主廊长 11843m，支廊长 1255.5m；临空经济区综合管廊，主廊长 2704m，支廊长 246m；新一和东化工路地区项目，主廊长 19750m，支廊长 5050m
苏州	城北路综合管廊、工业园区桑田岛综合管廊、高铁新城澄阳路综合管廊、太湖新城启动区和太湖新城二期综合管廊，5 个项目总长 34km
厦门	集美大道综合管廊、翔安南部新城综合管廊以及翔安新机场片区综合管廊，总长约 38.9km
十堰	综合管廊项目共包含 22 条管廊，建设总长 53.3km，截至 2019 年已累计完成 20 条管廊，总长 52km
长沙	试点建设任务总长度 60.41km，包括 22 条管廊、4 个控制中心，截至 2019 年已建成管廊 48km，其中高塘坪路等 10 条管廊已实现管线入廊
海口	海口市、三亚市的三个地下综合管廊试点项目 50.86km。其中海口市城市地下综合管廊项目形成廊体 39.11km，其中 10.3km 廊体已通过验收
六盘水	预期综合管廊全长 39.8km，截至 2019 年，已完成 38.55km 的建设任务
白银	计划在白银城区 7 条道路建设 26.25km 地下综合管廊，截至 2019 年，白银市已基本完成地下综合管廊试点项目主体工程

2016 年公布了第二批地下综合管廊试点城市名单：郑州、广州、石家庄、四平、青岛、威海、杭州、保山、南宁、银川、平潭、景德镇、成都、合肥、海东。截至 2019 年，第二批综合管廊试点城市的建设情况如表 4-5 所示。

第二批综合管廊试点城市的建设情况   表 4-5

城市	建设情况
郑州	综合管廊试点项目共 8 个，建设总长度 44.1km。其中，白沙园区地下综合管廊（一期）全长 17.28km，截至 2019 年，白沙园区综合管廊（一期）主体结构施工已近尾声
广州	2016 年 11 月，广州利用 BIM 技术投资，60 亿元开建管廊，根据环评报告，该项目预计 2022 年底完工。该项目位于广州市中心城区，线路总长约 48km
石家庄	截至 2019 年，汇明路及仓丰路段工程已形成廊体共 7.36km，塔北路段结合地铁工程盾构施工正在推进中，正定新区已形成廊体 18.7km
四平	共规划 11 条综合管廊，在 2015—2018 年间完成，总长 61.5km。首期要建设的地下综合管廊涉及北迎宾街、康平路、紫气大路、接融大街，共计 12.87km。按照计划，2018 年底实现 45km 运营
青岛	青岛在李沧区、高新区、西海岸新区、蓝色硅谷核心区、新机场 5 个区域规划建设 21 个试点项目，总长 49km，所有试点项目 2018 年投入运营。2018 年 3 月，市北区第一条城市地下综合管廊——开平路（周口路—重庆路）地下综合管廊工程正式开工建设
威海	地下综合管廊 3 年试点项目建设期为 2016—2017 年，2018 年开始运营，试点项目共 11 个路段、34.33km。威海中心城区开工建设的第一条管廊工程——环山路地下管廊 2019 年 10 月全线贯通，管廊全长 7.6km

续表

城市	建设情况
杭州	规划在建及拟建的地下综合管廊共 16 个项目，总计 51.6km。德胜路、沿江大道等 5 个试点项目共计完成 15km 管廊本体
保山	2016—2018 年建设 19 条干、支线综合管廊、86.23km，于 2018 年底全部建成并投入运营
南宁	自 2013 年以来，南宁市已有 23 个地下综合管廊项目相继开工建设，总建设规模 71.79km。截至 2018 年 5 月 30 日，已建成管廊主体长度超过 50km
银川	2016 年计划开工建设 30km 地下管廊，"十三五"期间共规划建设 100km 地下管廊。10 条地下综合管廊试点项目于 2016 年全部开工，截至 2019 年，总长 39.12km 的管廊主体已全部完成
平潭	2016 年计划开工建设地下管廊 30km，"十三五"期间共规划建设地下管廊 100km。截至 2019 年，平潭地下综合管廊一期主体结构已完工
景德镇	2016 年，4.1km 里昌南拓展区地下综合管廊建成。2017 年，高铁商务区和景东片区 26.8km 地下综合管廊建成
成都	目前已建成大源商务商业核心区综合管廊、新川大道综合管廊、金融城综合管廊等示范线建成。2018 年全市规划形成综合管廊系统，规划综合管廊总长约 1084km
合肥	试点建设综合管廊 58.51km，概算投资 54.75 亿元。实际建设 58.32km，公开招标后项目总投资 44.47 亿元，建成后同步计划入廊管线 180.7km
海东	到 2015 年底，海东市根据"先规划、后建设""先地下、后地上"的原则，已在全省率先建成 16.79km 综合管廊。海东市核心区地下综合管廊 PPP 项目总长为 56.42km，2016 年正式启动，截至 2019 年，共计建设完成 45.63km 管廊主体

截至 2019 年试点城市外各地城市的综合管廊的建设情况如表 4-6 所示。

试点城市外各地城市的综合管廊建设情况　　　　表 4-6

城市	建设情况
兰州	2017—2018 年，规划新建综合管廊 66.82km，范围包括马滩片区、崔家大滩片区、兰石 CBD 片区、雁滩片区、青白石片区等。2019—2020 年，规划新建综合管廊 66.82km，范围包括城关片区、安宁片区、彭家坪片区、和平片区、桃树坪片区等
大同	北都街综合管廊项目是该市首条综合管廊示范工程，包括道路工程和地下综合管廊工程，全长近 1.8km
乌鲁木齐	截至 2019 年，经开区（头屯河区）的三条续建综合管廊项目已全部开工，主要包括沙坪路道路及地下综合管廊、豫宾路道路及地下综合管廊和香山街东延道路及地下综合管廊
咸宁	首个地下综合管廊 PPP 项目，一期工程包括贺胜路地下综合管廊（107 国道—蕲嘉高速段）、光谷南二路地下综合管廊（贺胜路至泉都大道段）合计长 5.06km，2019 年 4 月竣工运营
太原	首批地下综合管廊工程敷设于古城大街、实验路、纬三路、经二路、经三路等 5 条道路，管廊总长度 10.15km。二期工程涉及 7 条路，管廊长度 11.23km，包括古城大街、龙山大街、纬三路、纬四路、万福路、万寿路和龙山路
昆明	安石公路综合管廊，起于小石坝立交，止于呈黄路（北段）东辅线，管廊全长 8.1km
东莞	由中铁城建集团二公司负责施工的东莞市首个地下综合管廊项目，位于东莞市南城国际商务区，涉及南城国际商务区内主要干路及众多次干路。其中建设地下综合管廊总长为 6.55km，其中双仓综合管廊 2.37km，缆线管廊 4.18km

续表

城市	建设情况
连云港	徐圩新区地下综合管廊，长为15.3km，包括江苏大道综合管廊（应急救援中心—污水处理厂）约8.4km，环保二路综合管廊（西安路—江苏大道）约1.3km，西安路综合管廊（环保二路—方洋路）约3km，方洋路综合管廊（烧香支河—江苏大道）约2.6km

从表4-6可以看到，我国综合管廊建设从各试点城市向全国进行推广，但采用装配式方法建设的综合管廊项目数量还较少。典型的装配式综合管廊项目如表4-7所示。

典型的装配式综合管廊[32]　　　　　　　　　　　　　　　表4-7

装配方法	典型项目
节段预制装配式	2012年上海世博园综合管廊试验段 厦门翔安南路地下综合管廊工程
分块预制装配式	无
顶板预制装配式	包头市综合管廊的工程6m长标准断面区间试验段
预制叠合式	乌鲁木齐市艾丁湖路综合管廊建设
钢波纹管式	中冶集团研发的钢波纹管综合管廊在衡水武邑成功完成了50m示范段的建设。2017年7月16日，由中冶京诚承建的全国首个装配式钢制综合管廊EPC总承包项目，在衡水市武邑县正式启动

4.3.3　装配式地铁车站

装配式地下建筑以地铁车站最为常见，近10年国内已建和在建装配式地铁车站初步统计如表4-8所示。自长春地铁首座装配式车站建设以来，在北京，上海、济南、广州等地区都进行了地铁车站的装配化建设，主要以全预制装配和叠合装配为主。

国内已建和在建装配式地铁车站初步统计[33]　　　　　　　表4-8

线路	站名	建设时间	装配形式	备注
长春地铁2号线、5号线、6号线、7号线	双丰站等18座车站	2012年起	全预制装配式	已建8座，在建10座
北京地铁6号线	金安桥站	2014年	叠合装配式	后改现浇结构
济南地铁R1、R2线	任家庄站等3座车站	2015年起	叠合装配式	已建
上海地铁15号线	吴中路站	2018年	叠合装配式	已建
广州地铁11号线	上涌公园站	2018年	混合型装配式	在建
哈尔滨地铁3号线	丁香公园站	2019年	叠合装配式	已建
青岛地铁6号线	河洛埠站等6座车站	2019年起	全预制装配式	在建
深圳地铁16号线、13号线、12号线、6号线	龙兴站等7座车站	2020年起	全预制装配式	在建
无锡地铁5号线	新芳路站等3座车站	2021年	叠合装配式	在建

4.3.4　装配式地下水厂

近年来，地下水厂项目极大地减小了对周边环境的影响，大幅度提高了城市土地利用效率，实现了与周围环境的和谐共处，取得良好的社会效应，为污水处理提供了新的建设模式。随着建设施工技术的提高以及装配化建设的需求，地下水厂的建设也逐渐向全装配化方向发展。国内已建和在建装配式地下水厂统计见表 4-9

国内已建和在建装配式地下水厂统计　　　　　　　　　　　表 4-9

工程名称	地区	建设时间	备注
上海白龙港污水处理厂	上海	2019 年	仅提标部分工程
上海竹园污水处理厂	上海	——	在建

4.4　典型项目简介

4.4.1　钢结构装配式建筑典型项目介绍

如图 4-10 所示，香港鲤鱼门公园度假村紧急防疫观察中心项目的隔离中心，位于香港柴湾道 75 号鲤鱼门公园及度假村内，是香港首个新建的防疫隔离中心项目。项目采用组装合成建筑（MiC）方式进行建设，也是香港首个采用 MiC 建设技术的医疗项目，其中A 区、B 区分别有 118 个、234 个 MiC 检疫隔离单元，共可容纳 366 张床位。该项目以永久建筑标准建设，可以在新冠肺炎疫情结束后作为公共过渡房供香港市民使用。项目施工单位仅花费 45 天就完成了 352 个箱体的生产和装修。

图 4-10　香港鲤鱼门公园度假村紧急防疫观察中心

4.4.2 装配式混凝土建筑典型项目介绍

如图 4-11 所示，湖北工建机电科技产业园（1 号楼、3 号楼、4 号楼）项目总建筑面积约 12 万 m²，其中装配率按照国家《装配式建筑评价标准》GB/Y 51129—2017 A 级标准评价，3 号楼装配率 100%，满足 AAA 级装配式建筑要求。主体结构采用型钢混凝土框架结构体系，部品部件均按照上述标准实施。

该项目被评为"湖北省 2021 年装配式示范项目"，为湖北工建重点项目，布局建筑安装工程新技术研发及设计研究院、检验检测综合试验中心、国家工业建筑质量与能效检测中心，并联合多所高校建设产、学、研为一体的科技研发基地及院士工作站搭建科技孵化平台等项目。

图 4-11 湖北工建机电科技产业园

4.4.3 木结构装配式建筑典型项目介绍

如图 4-12 所示，常州市武进区淹城初级中学体育馆项目总建筑面积为 3899.10m²，高度约 18.10m，为单层大跨木结构与钢筋混凝土框架结构组合体系，体育馆建筑等级为丙类。项目的木结构部分采用预制装配式建造技术，通过 BIM 技术实现精细化加工和安装。木结构装配部分的预制装配率达 90% 以上，装配建筑面积为 2842m²，跨度为 30.55m，是国内目前建成的跨度最大的木结构体育馆。

如图 4-13 所示，该木结构设计采用预制构件装配式技术。木结构装配式采用木柱与木桁架组成的主体结构，十根异形拼接格构柱支撑上部屋盖，屋盖采用主次木桁架形式，基础类型为独立基础。木柱为异形拼接格构柱，由 4 根 400mm×400mm 木柱组合而成，

图 4-12　常州市武进区淹城初级中学体育馆

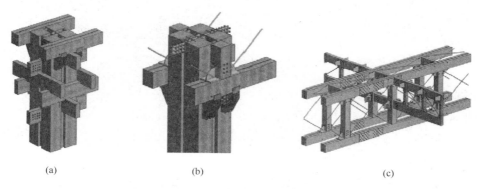

图 4-13　体育馆的木结构预制构件装配式技术

（a）斗拱与柱节点；（b）柱与桁架交接节点；（c）木桁架交接节点

中部设置 100mm×100mm 钢管作为连接核心。格构柱底部采用装配式螺栓节点，与基础半刚性连接。在主体结构中，4 根格构柱与若干 150mm×400mm 的木梁叠合，形成由现代斗拱组合而成的木结构竖向承重体系。这种体系沿用了传统木结构的特征，将传统建筑艺术融入现代柱梁结构体系，受力合理，为国内首创。

4.4.4　装配式装修典型项目介绍

扬州绿地健康城项目位于扬州市真州北路东侧、体育公园铁路沿线北侧，D 地块为 18F 高层，建筑面积为 124679m²，其中地下面积为 35684m²。该项目由总面积达 30 万 m²，包含大型总部基地和健康住宅。该项目引进绿地集团健康建筑"四全产品体系"，获得"三星级健康建筑""二星级绿色建筑"称号。

该项目住宅部分为装配式建筑，采用了装配式装修（图 4-14），装配式装修工程造价为 3.74 亿元。户型包括小高层的 110m²、130m² 户型以及洋房的 125m² 户型。装配式装修内容包括装配式整体卫生间、装配式整体厨房、装配式地暖地面系统、装配式墙面系

图 4-14　装配式装修项目

统、全屋收纳、橱柜、电器、洁具、灯具等部品部件。

扬州绿地健康城项目采用的装配化装修基于 SI 体系的分离法，装配化装修设计优化内容包括各类界面构件的拆分、整体卫生间设计与装配式节点构造设计。该项目的装配式装修具有以下特点。

（1）整体卫生间采用铝蜂窝结构，通过聚氨酯玻璃纤维高温高压条件下复合瓷砖面层，形成装配式整体卫生间，包括整体防水底盘和墙板。

（2）整体厨房采用的铝蜂窝结构与卫生间采用同样技术，厨房干铺地面技术的特点如下：自动化复合瓷砖地板生产线，确保精细度；确保瓷砖复合的牢度、平面度和使用寿命；专用支撑模块（通过螺纹调节高度）及扣件实现施工现场快速拼装。

（3）地暖地面系统构造为底部调节支架—欧松板基层—地暖模块及地暖盘管—实木复合地板。

4.4.5　桥梁工程典型项目介绍

深汕西改扩建高速公路 TJ10 标段为桥梁工程典型项目。沈阳至海口国家高速公路汕尾陆丰至深圳龙岗段是国家高速公路网规划"二纵"G15 沈阳至海口国家高速公路的一段，也是广东省"十纵五横两环"高速公路主骨架中第五条横线的一段，是联系粤东地区与珠三角核心区的交通大动脉。深汕西高速公路起点位于陆丰市潭西镇，途经汕尾市城区、海丰县、惠州市惠东县、惠阳区、深圳市坪山新区，终于深圳市龙岗区，全长 146.55km。TJ10 标段，起点位于海丰县梅陇农场，起点桩号 K38＋090.357，路线向西途经海丰县梅陇镇，终点位于海丰县梅陇镇，与 TJ9 标段相接，终点桩号 K46＋978.36，路线长 8.888km。

梅陇特大桥全长 5487.2m，起止桩号为 K38+090.375～K43+577.557，下部结构型式为 φ1000mm 预制管桩基础+预制拼装盖梁，上部结构为预应力混凝土双 T 梁。下部基础采用先张法预应力混凝土高强管桩，采用 PRCI-1000C-140 型管桩+PHC-1000C-140 管桩的配桩形式，上部为 PRC 桩，下部为 PHC 桩，管桩与盖梁采用超高性能混凝土（UHPC）连接方式，在与管桩相接处以钢波纹管成孔方式预留 D110cm 后浇孔，吊装就位后，下放填芯混凝土内插钢筋，浇筑 UHPC 连成整体，后续安装梁板及桥面系施工，如图 4-15 所示。

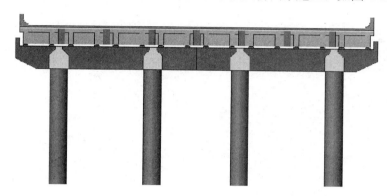

图 4-15　梅陇特大桥结构图

如图 4-16 所示，梅陇特大桥采用打桩架桥一体机进行施工，分三个施工点同时施工，起点位置拟搭设起步平台进行起步墩施工及桥机拼装，后续按每跨 3 天进行施工。

本项目预制拼装桥梁工程的施工技术特点主要在于应用了集成打桩架梁作业桩梁一体化预制拼装快速施工技术、多跨式连续作业墩梁一体化预制拼装快速施工技术、预制构件厂集中化、模具化快速生产技术、快速化自动环形梁板生产技术、无人工振捣技术及抗震型混凝土技术。

图 4-16　墩梁一体化桥机设备

4.4.6　地下工程典型项目介绍

1. 装配式公路隧道

上海市诸光路隧道内部双车道结构，采用"预制构件+少量现浇"的预制装配式框架结构体系，从隧道底部向上依次为预制 π 形下层车道；2 个现浇基座；2 个预制柱；预制 U 形车道板；现浇侧梁 L1；上车道板；两侧预制车道板 B5；预制防撞侧石，如图 4-17 所示，其中 U 形车道板和预制立柱之间采用后浇湿节点连接。该结构体系大大提高了内部结构的预制率，除少量现浇湿节点外，基本实现了内部构件的全预制化。

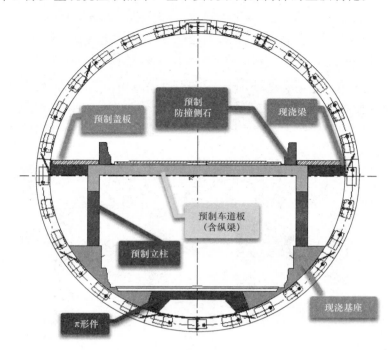

图 4-17　上海诸光路隧道内部结构装配情况

2. 装配式综合管廊

如图 4-18 所示，雄安新区综合管廊示范工程项目成功实施了长节段、大吨位装配式

图 4-18　雄安新区综合管廊示范工程项目

综合管廊技术系统，填补了该领域的技术空白，标志着长节段、大吨位在装配式综合管廊建造中的应用技术。该项目路线全长 816m，预制管廊共 130 节段，其中 4m 节段 96 节，8m 节段 34 节。节段尺寸单节为 4 舱管廊，截面宽度 13m，高度 4.2m，4m 节段重 201t，8m 节段重 402t。其中共有节点 10 个，管线分支口 5 个，通风吊装孔 2 个，集水坑 3 处。主体结构采用 C45 高性能混凝土，抗渗等级为 P8。每节 4m 管廊用混凝土 78m³，每节 8m 管廊用混凝土 155.9m³，混凝土总量为 12789m³。钢筋主要采用 HRB400 级钢筋，钢筋总量为 4000t。

在管廊拼装过程中，该项目研发了整体钢筋笼骨架吊具，自平衡吊绳上、下同时起吊，使钢筋骨架整体受力均匀，突破了大吨位箱型结构钢筋笼吊装容易变形、难以平衡的技术难题。同时，该项目研发了自行走整体式液压钢模板，不仅能实现自动开合、自行走，而且端模可调节满足曲线段管廊内外侧墙长度不一的需求。采用三维扫描再"体检"建立高精度、立体测控网，创造性地采用三维激光扫描＋BIM 模型对预制端面进行快速、高效、准确地检测，对预制管廊进行全面扫描"体检"，以保证其平整度、竖直度无偏差。管廊节段之间采用止水带挤压连接，使用专用密封粘胶粘贴，在荷载下产生弹性变形，从而有效紧固密封，减震缓冲，防止渗水漏水。

3. 装配式地铁车站

如图 4-19 和图 4-20 所示，上海市轨道交通 15 号线工程吴中路站采用了无柱拱顶设计，是国内首例软土条件下大跨无柱明挖拱形车站。吴中路站为地下二层岛式站台车站，车站主体南北向位于徐汇区桂林路下方，北临吴中路，南临蒲汇塘，主体规模 170m×（19.8～24.4m）（内净），车站为公共区无柱车站，站厅公共区顶板为拱形结构。

图 4-19　上海市轨道交通 15 号线工程吴中路站

图 4-20　吴中路地铁站预制无柱拱顶拼装图

　　站台中心处站厅公共区最大跨度达 21.6m，高度最大约 8m（拱顶处），最低约 3.2m（拱脚）。吴中路车站的拱顶采用预制板搭建而成，竣工后，拱顶内部表面光滑、平整，不用额外粉刷装饰即可作为室内空间的天花顶面。直接暴露的拱顶结构使空间尺度得到充分释放。

　　4. 装配式地下水厂

　　上海竹园污水处理厂四期工程位于浦东高东镇，规划用地面积约 58.7km²，整体工程规模 120 万 m³/d。1.3 标位于西侧地块，工程规模 50 万 m³/d，其中 50 万 t AAO 生物反应池结构内部采用全预制拼装。单个预制装配式区域长 43.85m，宽 78.56m，面积约 3445m²。总共 4 个区域，总面积为 1.4 万 m²。预制构件包括墙、梁、板、观察窗及电缆沟等结构。预制构件之间采用超高性能混凝土（UHPC）作为湿接头进行连接。

另外，竹园第一、第二污水处理厂提标改造（升级补量）概算调整（污水调蓄池）工程，对顶板采用装配整体式结构。板包括 250mm 厚预制板和 150mm 厚现浇层，由于单跨板整体预制质量过大，故对每跨范围内预制板进行分块，中间预制板短边搁置于梁或侧墙上伸出的挑板上，并预留胡子筋，两端预制板短边与一侧长边搁置于梁或侧墙上伸出的挑板上，并预留胡子筋，板与板之间通过 UHPC 连接接头连接而形成双向受力板。竹园污水处理厂四期工程拼装图如图 4-21 所示。

图 4-21 上海竹园污水处理厂四期工程 1.3 标拼装图

4.4.7 绿色建造典型项目介绍

图 4-22 为南京河西金茂府绿色建造典型项目。该项目位于南京市建邺区，设计时充分结合了南京市当地特点，采用适用于住宅的绿色生态和建筑节能技术，合理选择了绿色建筑达标项，从节地、节能、节水、节材、室内环境质量、创新六方面力争达到绿色建筑

图 4-22 南京河西金茂府

三星级指标要求。

项目定位为绿色三星级建筑，合理运用了绿色生态技术，项目设计具有如下优势。

（1）该项目通过设置场地入渗、绿地的下凹及雨水回用蓄水池三项技术，最终实现70％的年径流总量控制率所需控制的雨水可全部在项目内部消化。

（2）该项目采用热回收新风处理机组，热回收形式为显热回收，热回收效率为60％。

（3）该项目住宅各楼顶上六层设置太阳能热水系统，每户在屋顶设置一套整体非承压式太阳能热水器。

（4）该工程利用土壤源作为主要的空调冷热源，为整个地块提供空调冷热水，不足部分设辅助冷热源来保证项目的供冷、供热需求。

（5）该项目设置雨水收集回用设施，收集处理雨水后，用于绿化、道路浇洒、地库冲洗，多余部分排入市政雨水管网，以达到节约用水的目标。

（6）地下室排风设置 CO 浓度检测控制系统，自动控制风机启停。

（7）应用 BIM 技术，全流程智能控制，提高工作效率，增加经济效益。

4.4.8　智能建造典型项目介绍

1. 广联达智慧建筑产品研发及产业化基地项目

图 4-23 为广联达智慧建筑产品研发及产业化基地项目。该项目作为中国（陕西）自贸区西安经开区功能区引进的首批高技术服务项目，旨在成为我国代表性的建筑产业互联网基地，其功能定位为数字建筑产品研发大厦、数字建筑生态伙伴共享大厦、数字建筑样板展示大厦。项目全过程践行数字建造理念，将广联达多年建设项目管理实践经验与数字建筑理念、IPD（Integrated Project Delivery，集成项目交付）模式、精益建造思想和数字化技术相结合，涵盖项目的全过程、全要素、全参与方，利用数字化、在线化、智能化技术创新集成交付模式、精益生产方式以及数字建造技术，实践数字化精益建造，将项目建

图 4-23　广联达智慧建筑产品研发及产业化基地项目（广联达西安大厦项目）

设成为绿色、节能、健康、智能建筑，打造全国乃至全球的新型数字建筑样板。

1）数字建造创新

基于 BIM 技术，构建数字建造平台，以数字化创新手段支撑项目管理新模式的落地实施。该项目通过广联达数字建造平台作为项目集成管理的数字化工具，在管理集成的同时，可以实现信息集成、在线办公、智能管理，提升项目整体的数字化能力。

2）精益建造创新

该项目在建造过程中实施精益方法，实现浪费最小化，并重点落地验证以工序为核心的精益建造，涵盖了项目深化设计、进度排程、资源采购与供应、施工作业和检查验收等核心业务环节。同时，该方法将项目生产要素、管理要素全部数字化，实现工厂、工地、工作面的在线化，连接项目全参与方，统一项目数据来源，以精准的数据驱动项目工作，实现以数据驱动的精益建造。

3）项目管理创新

项目以全参与方共赢理念为引领，借鉴国外 IPD 思想，打破项目各参与方的组织界限，构建项目联盟体，充分融合团队，并建立成本＋酬金的激励机制，实现了基于项目的组织、利益集成，从而发挥各参与方的最大价值。

4）协同设计创新

借助 IPD 管理模式，项目采用协同化的集成设计，各方围绕一套设计数据，置入、提取和更新信息，以支持和反映整个设计过程的协同作业。从方案阶段的可视化模型到可支撑建造的数字化模型，做到先模拟后施工。

通过提前采购确定末端，进行整体设计优化。同时，将设计按照工序级需要进行深化，满足支撑工厂加工和工作面施工的要求。通过多方协同和全专业集成设计，实现了限额目标下的价值最大化，有效降低了地下混凝土、钢筋、防水原材及施工成本。

5）建造一体化创新

该项目实现了钢筋一体化、模板一体化、幕墙一体化、机电一体化和精装一体化等建造过程一体化，解决了建造过程复杂空间的干扰问题，确保了施工精确度，并且减少建造现场工作量，降低了施工难度，有效地保证了建造质量和整体效果，节约了建造成本，加快了整体建造进度。

2. 江阴高新区健康驿站项目

图 4-24 为江阴高新区健康驿站项目。该项目属于临时隔离医院，建筑面积为 1.58 万 ㎡，采用模块化集成打包箱式房结构形式，为模块化集式式建筑产品，具有绿色化、工业化、数字化的特点。

1）绿色化

该项目采用绿色建材，使用无毒害、无污染、无放射性材料，注重无废物且回收再利用的技术措施，从而在原料采取、生产过程中降低消耗能源资源，减少环境污染。注重对原材料的"节能、环保、健康、安全"的品质评价标准。

图 4-24　江阴高新区健康驿站项目

可周转、再利用满足低碳发展需求：在箱房产品生命周期内，采用可周转、再利用的箱式房屋产品，较传统建造工艺可降低碳排放量 15% 以上。

可复用、多功能可变-平战应用模式切换：按照"平战结合、平急转换"工作要求，综合考虑非疫情期间健康驿站的功能转换需求，后期可作为其他类别民生实施项目，满足赛事、会议、养老、康复、旅游、休闲等多用途需求，有效提升健康驿站项目后期利用率，节约财政资金。

2）工业化

供应保障、批量生产：工业化是重新组织建筑业，提高劳动效率，提升建筑产品质量的重要方式，可以有效地降低资源和能源浪费，实现节能减排。通过设计、生产、交付一体化的方式，以标准化的设计、工厂化的生产和现场化的装配实现新型发展路径。

品质优先、机械化作业：产品品质是性能保障的基准条件，在远远优于施工现场严寒酷暑的加工条件下，新一代建筑产业工人以自动化、机械化的生产方式，提升产品质量、工艺标准，实现更高的生产效率。

3）数字化

智慧赋能，全面管理：通过自主开发的"数字大脑"，针对产品的全生命周期、全过程、全参与方进行数据收集、精准分析、行为链接，从而实现产品到客户的科学管理。

人机协作，高效运行：通过智慧平台与智能工具的应用，能够提供灵敏感知、高速传输、精准识别、快速分析、自动控制等效果，从而提高资源利用效率，减少对生态环境的负面影响。

人文关怀·如家般温暖：在建设之初便全面考虑人文关怀细节，健全内部人性化设施设备的安装与配备，包括残疾人无障碍设施设备等。高体验感，且综合效益最优，实现功能分区最优。

3. 广州海怡半岛花园五期项目

广州海怡半岛花园五期项目采用了星河湾 4.0 工艺标准，星河湾 4.0 工艺标准要求远高于国家标准，工艺细节覆盖面广于行业标准。该项目采用适用于住宅的绿色生态和建筑节能技术，合理选择了绿色建筑达标项，从节能、节材、室内环境质量、科技创新等方面力争达到绿色建筑指标要求，如图 4-25 所示。

图 4-25　广州海怡半岛花园五期项目

项目在施工过程中，采用了智能建造管理平台，对半岛五期项目进行建造过程的数字化管理。

数字档案：项目记录展示虚实结合的 4.0 工艺视频，建造过程的照片、图纸、文件以及里程碑节点等内容。

智慧工地：运用物联网、云计算等技术连通工地现场的各类智能系统，感知、记录现场各项数据，实现对工地文明施工、劳务用工、能源消耗及重大机械危险源等方面的实时监控。

工程管理：将进度管理、质量管理、安全管理、技术管理与 BIM、GIS 技术相结合，对施工过程提供信息化和精细化管理。

4. 中海丹阳时代苑项目

中海丹阳时代苑项目在设计时充分结合了镇江市当地特点，采用适用于住宅的绿色生态和建筑节能技术，合理选择了绿色建筑达标项，从节地、节能、节水、节材、室内环境质量、创新六方面，力争达到"绿色建筑一星级"指标要求，如图 4-26 所示。

应用 BIM 技术，全流程智能控制，提高工作效率，增加经济效益。实现全流程协同工作，各个设计专业可以协同设计，可以减少缺漏碰缺等设计缺陷。地库管综设计通过运

图 4-26　中海丹阳时代苑项目

用 BIM 技术，实现地库车道净标高 2.8m，车位净标高 2.5m，大大提升了地库品质。

项目使用了人工智能技术和计算机视觉算法，在安全、进度等领域取得了较好的成效。安全设备识别功能提升了进场即佩戴安全帽比例提升 56％，安全区域划定功能降低了危险区域闯入比例 86.2％，楼栋主体进度统计功能与作业面劳动力人数统计功能帮助项目建立管控监督机制，及时掌握作业面劳动力人数，防止施工单位虚报劳力及灵活调整每日工人数量，结合进度预警，对现场进度及时纠偏。管理人员关键工序履职管理功能可以帮助管理者更好地了解现场履职情况，并配以相应的管理机制以督促监理履职。

建立了智慧工地云平台，通过物联网、云计算、大数据等技术实时汇集项目施工各类数据，实现工地智能化"云"管控，降低项目安全隐患与施工能耗，获得"省绿色标准化二星级工地"称号。

5. 中国石油科技创新基地北京石油机械厂搬迁改造项目

中国石油科技创新基地北京石油机械厂搬迁改造项目结构复杂，构件种类多，图纸数量多，当时人工调图工作量极大，也不易保证质量，极大地制约了项目制作和安装进度，项目采用果芯软件智能出图软件进行测试，可提高效率约 10 倍以上。

整体过程如下。

果芯软件提供常见结构形式中各种构件类型的出图规则库，如图 4-27 所示。

如图 4-28 所示，在模型中选择需要出图的构件，并选择合适的出图规则，即可自动调图，整个过程不需要人工干预。

可以根据项目特征、加工厂要求、个人习惯等进行规则调整，并可保存、复用参数，最大限度地满足用户的个性化需求。

对于规则库中没有的出图规则，可以用"出图规则编辑器"进行定义，整个出图规则的定义过程与调图过程一致，完全可视化，软件可自动识别并分类零件，并可根据分类目

图 4-27　果芯软件出图规则库

出图列表　　　　　　　　　　　　　　　　　　✕

⊞ 添加构件　🗑 删除行　⚙ 出图设置　▦ 调图工具

☐	名称 ⬍	规则	图纸属性	匹配率	操作	结果 ⬍
☐	GZ-1	门钢边柱 ⋯	standard.ad	100%	✎ ⚙	☑
☐	GL-2	门钢梁 ⋯	standard.ad	100%	✎ ⚙	☑
☐	KFZ1-1	抗风柱 ⋯	standard.ad	100%	✎ ⚙	☑
☐	KL1	框架梁 ⋯	standard.ad	100%	✎ ⚙	☑
☐	KZ10	框架柱 ⋯	standard.ad	100%	✎ ⚙	☑
☐	SC1	水平支撑 ⋯	standard.ad	100%	✎ ⚙	☑
☐	ZC1	柱间支撑 ⋯	standard.ad	100%	✎ ⚙	☑
☐	QL10	墙面檩条 ⋯	standard.ad	100%	✎ ⚙	☑
☐	XG11	系杆 ⋯	standard.ad	100%	✎ ⚙	☑

6/10　　　　　　　　　　　　　应用　　　取消

图 4-28　果芯软件出图的构件

的自由调整分类结果，基于特征点的规则记录和匹配方案，可以做到最大程度的灵活性和
准确性；以后也可将其复用到其他项目中，从而逐渐积累出符合自己企业规范的规则库。

第 5 章　发展趋势分析 ·····

5.1　装配式建筑发展趋势

从行业发展的角度看，国家及地方装配式支持政策的出台，将持续支撑装配式混凝土建筑的快速发展，未来装配式混凝土建筑在我国装配式建筑中的占比仍将保持在高位水平，特别要指出受新冠肺炎疫情及宏观环境的影响，产业链中的预制混凝土构件工厂及相应的配件材料供应商未来将继续加速洗牌，部分具有自主研发能力和核心产品的预制混凝土构件工厂将获得更好的发展环境。

从技术发展的角度看，装配式混凝土建筑相关标准、规范、图集逐步完善，多元化的装配式混凝土建筑的解决方案有了更多的推广应用，装配式混凝土建筑的高质量发展将被进一步推进。与此同时，我们也要清醒地看到，目前装配式混凝土建筑的应用经济性问题并没有完全得到解决，通过市场调研及政策标准解读，可以预见未来我国装配式"三板"的应用将成为主流，竖向构件连接形式的多元化也将成为趋势，高性能混凝土（HPC）、超高性能混凝土（UHPC）在装配式混凝土建筑部品部件中的创新应用将进一步提高装配式混凝土建筑的经济性。

为实现"碳达峰""碳中和"目标，发展木结构建筑是建筑行业转型发展的动力之一。随着大力发展林业产业政策的推行，在激活乡村振兴内生动力的同时，林业产业也将给木结构建筑提供强大的资源库，可以有效推动产业链集群发展，进一步降低木结构行业发展的成本阻力。同时，因地制宜地建设富有当地文化特色的木结构建筑群，也是促进乡村与城市的联结，提高木结构建筑资源利用率，实现国家节能减排和绿色发展大目标的方向之一。另外，在装配式建筑围护部品中应用新型绿色节能板材，也是行业的发展趋势。

目前装配式装修在酒店、医院、公寓等公建项目中应用较多，但在民用住宅方面应用较少，其主要原因是目前装配式装修的应用成本要稍高于传统装修。未来随着国家与各省市关于装配式装修政策陆续出台，将会持续推动装配式装修行业的发展变革。另外，随着行业对装配式装修的宣传和引导，市场对装配式装修的接受度将会逐渐提高。从技术发展角度看，装配式装修在保证整体质量的情况下，能够提升装修的效率和环保品质，是技术的发展趋势。

5.2　装配式桥梁发展趋势

在政府积极推动、相关企业积极参与下，桥梁工程工业化建造正在市政、公路、铁路桥梁建造中全面快速推广。各地和行业协会陆续出台了多项地方标准、协会标准和技术文件，行业标准正在编制之中，为预制装配技术的发展提供了技术支持。桥梁工业化生产基地正在一线城市及东部发达地区试点，并逐渐向全国推广。装配式桥梁发展正在吸引更多的设计、施工、构件生产企业聚拢，形成产业链条上企业相互配合、相互竞争的格局。

5.3　装配式地下工程发展趋势

装配式地下工程行业整体发展迅速，我国约有 50 个城市共开通 283 条城市轨道交通运营线路，运营线路总长度为 9206.8km。其中，地铁运营线路为 7209.7km，占比 78.3%，运营、建设、规划线路规模和投资呈跨越式增长，城轨交通持续保持快速发展趋势。另外，装配式地下综合管廊和装配式地铁车站的应用前景广阔，有较大的发展空间。

装配式地下工程项目数量及需求不断增加，涌现了许多典型及创新型装配式地下工程项目，同时装配式地下结构的装配方式逐渐由部分装配向全装配方向发展。近年来，我国公路隧道总长度不断攀升，盾构及沉管法施工的公路隧道项目不断在我国推广，隧道内部结构全装配化方法逐渐完善。装配式综合管廊项目自 2015 年第一批试点城市以来，已逐渐向全国推广。自长春地铁首座装配式车站建设以来，北京、上海、济南、广州等地都进行了地铁车站的装配化建设，主要以全预制装配和叠合装配为主。除此之外，装配式地下水厂作为新型装配式地下建筑，已在我国出现一些典型项目案例。从技术创新、企业、行业发展、项目状况来看，未来装配式地下工程规模还会不断增加，装配技术、方法及运用形式还将不断发展和完善。

5.4　绿色建造发展趋势

2016—2019 年，我国城镇累计绿色建筑面积从 12.5 亿 m^2 增长至超过 50 亿 m^2。截至 2020 年底，全国绿色建筑面积累计达到 66.45 亿 m^2。2020 年住房和城乡建设部、国家发展和改革委员会等多部门联合发布的《绿色建筑创建行动方案》中提出，到 2022 年，当年城镇新建建筑中绿色建筑面积预计占比将达到 70%。2021 年 10 月，中共中央办公厅、国务院办公厅印发的《关于推动城乡建设绿色发展的意见》中指出，到 2025 年，城乡建设绿色发展体制机制和政策体系基本建立；到 2035 年，城乡建设全面实现绿色发展，并大力推广超低能耗近零能耗建筑。

推动绿色建造是一项系统工程，需要注重体系化布局，又要结合实际，以问题和需求为导向，加强系统集成和协同创新，建立绿色建造技术体系，推进形成适合绿色建造发展的新体制与机制，逐步优化建筑用能结构，有效控制建筑能耗和碳排放增长趋势，基本形成绿色、低碳、循环的建设发展方式，为城乡建设领域2030年前碳达峰奠定坚实基础。

5.5　智能建造发展趋势

2020年建筑业生产产值占全国生产总值的26%，为中国的支柱性产业，然而建筑行业整体数字化水平相较落后，中国建筑业已逐渐步入低速发展期，2020年以来建筑总产值从两位数的年增长率放缓至6.2%。行业发展逻辑发生巨变，全球正加速迈向以数字化转型、网络化重构、智能化升级为特征的数字化新时代。2021年中国建筑业信息化投入约为235亿元，占建筑业总产值的比重为0.08%。人工智能、大数据、物联网等新一代信息技术正在向建筑业融合渗透，实现工程建设高效率、高质量、低消耗、低排放，成为推动城乡建设绿色发展和建筑业数字化转型的重要抓手。

智能建造作为一种新型建造方式，初期阶段发展仍存在一定问题，相关技术标准规范尚不完整，业内数字化发展水平参差不齐，缺乏科技创新中长期发展战略，现有的技术研究成果及智能化建造产品尚不能满足向市场广泛推行应用的条件。此外，传统业务模式各环节运营效率低下，存在信息断层与数据孤岛，亟须提质增效的数字化改革。未来，形成数字化新型生产关系，建立全过程数据集成的新型产业链条将成为实现产业转型的破局关键；重塑智能化高效生产模式，以信息化技术为核心抓手推动智能建造发展，将成为引领建筑业创新升级的核心引擎。以数字化设计、智能生产、智能施工、智能运维为代表的智能建造将成为建筑业可持续发展发展的必然趋势，

在数字化设计方面，基于BIM技术的数字化正向设计是必然趋势，以三维、协同的理念重塑业务模式，实现工程项目的虚拟建造和精细化管理；基于BIM技术参数化的特征，以工程项目数据为抓手，实现对项目全流程风险的预先防控。

在智能生产方面，未来将以数字设计成果为载体，直接驱动工厂设备完成智能化生产，实现基于设计数据直接指导工厂生产和建筑运维；通过工厂生产与施工现场实时连接与智能交互，将实现智能化生产调度、施工调度等数据流动的自动化。

在智能施工方面，建筑工程涉及专业工种多、工作环境复杂，整体工业化标准化程度较低。智慧工地是未来智能施工的集中表现形式，通过综合运行大数据、物联网、云计算等信息技术，可使施工管理可感知、可决策、可预测，实现施工精细化管理、协同管控。

在智能运维方面，现阶段建筑运维数据孤立分散，建筑管控系统相对离散，仍依靠人工巡检。建立基于BIM与互联网技术的智能运维管理平台成为必然趋势，集成建筑全生命周期数据，实现自动化数据分析，智能决策与精细化运维管理。

　　总而言之，建筑业正在发生深刻变革，智能建造已是大势所趋，从政策支持到落地实践，从试点项目到试点城市，智能建造所带来的机遇和挑战并存。在可预见的未来，智能建造将引领建筑业走好转型之路。

参考文献

[1] 赵为民，古小英，张超，等. 装配式建筑评价方法对比研究[J]. 施工技术，2018，47(12)：10-16.

[2] 陈乐琦. 江苏省装配式建筑综合评定标准对比研究[J]. 居舍，2021(28)：166-167.

[3] 张宗军，李贱红，黄皇，等. 一种钢结构房屋箱及其生产工艺：114033221A[P]. 2022-02-11.

[4] 孟凡林，孟祥瑞，付萍，等. 灌芯叠合装配式钢筋混凝土剪力墙结构及其建造方法：102877646B [P]. 2014-12-17.

[5] 周裕文. 一种建筑墙体：213204595U[P]. 2021-05-14.

[6] 唐国才，赵雪磊. 用于检测装配式建筑竖向构件连接节点的检测装置：208383763U[P]. 2019-01-15.

[7] 王金彪. 一种PEC墙：201910960220.1[P]. 2020-01-24.

[8] 崔俊峰，秦邦国. 一种小型房屋用集成底盘：201910038451.7[P]. 2019-03-29.

[9] 吴军，钱志荣，钱竞祥，等. 一种导热系数低的墙体保温隔热材料：111502046B[P]. 2021-08-17.

[10] 赵晓伟. 一种地板安装支撑装置：215331192U[P]. 2021-12-28.

[11] 张云. 一种扣合式铝合金踢脚线：201922086779.4[P]. 2020-11-13.

[12] 卢冠楠，管义军，程咏春，等. 一种节段预制梁结构及其拼装组合桥梁的施工方法：112458925A [P]. 2021-03-09.

[13] 俞东元，王兵，赵荣欣，等. 一种用于预制多边形桥墩拼装定位的导向装置及设计方法：112081013A[P]. 2020-12-15.

[14] 吕新建，辛公锋，张建东，等. 一种预制桥墩的双钢套筒承插连接结构及其施工方法：112176886A[P]. 2021-01-05.

[15] 谭强，祝卫星，肖尧，等. 一种装配式桥梁下部结构的新型连接装置：112267372A[P]. 2021-01-26.

[16] 颜超，钟铮，颜正红，等. 一种榫卯式预制地下连续墙结构：215053071U[P]. 2021-12-07.

[17] 张延年，朱鑫泉. 地下综合管廊管片防水拼接结构及其安装方法：110241857A[P]. 2019-09-17.

[18] 潘正义，徐军林，王永伟，等. 一种装配式地下结构接缝连接结构：214497604U[P]. 2021-10-26.

[19] 谢东武，丁文其，张清照，等. 一种预制内置轻质填充体混凝土管环及预制方法：110685343A [P]. 2020-01-14.

[20] 孙浩，穆洪星. 一种可拆装的箱式房设备层模块：214424126[P]. 2020-12-15.

[21] 赵松海，宋涛，王文战，等. 一种高强保温隔音石膏基自流平砂浆及其制备方法：112694343A [P]. 2021-04-23.

[22] 石齐，习海平，张建强，等. 一种用于免烧免蒸养锂渣制品的固化剂及其制备方法：109824295A [P]. 2019-05-31.

[23] 刘博，卢昱杰，张自然，等. 一种用于施工安全管理的可移动边缘计算摄像头系统和装置：

114422750A［P］. 2021-12-21.

［24］ 清华大学，广联达科技股份有限公司. 一种用于玻璃幕墙安全检测的机器人：113281413A［P］. 2021-06-18.

［25］ 广联达科技股份有限公司. 施工进度的推荐方法、装置、计算机设备及可读存储介质：112633857A［P］. 2021-04-09.

［26］ 孟浩，左其友，袁子意，等. 一种多目相机和线激光辅助机械臂跟踪目标的方法和装置，上海大界机器人科技有限公司：114378808A［P］.2022-04-22.

［27］ 秦翻萍，严成玉，张利宸. 装配式建筑混凝土预制构件生产成本调研与分析［J］. 混凝土世界，2021(12)：4.

［28］ 中国城市轨道交通协会. 城市轨道交通 2020 年度统计和分析报告［R］. 北京：中国城市轨道交通协会，2021.

［29］ 杨秀仁. 城市轨道交通明挖装配式地下结构设计技术及方法［J］. 隧道建设（中英文），2022，42(3)：355-362.

［30］ 洪开荣，冯欢欢. 中国公路隧道近 10 年的发展趋势与思考［J］. 中国公路学报. 2020，33(12)：62-76.

［31］ 杨子松. 大直径双层公路隧道内部结构预制拼装施工技术［J］. 建筑施工，2019，41(10)：1893-1895.

［32］ 陆文皓，齐玉军，刘伟庆. 装配式综合管廊的应用与发展现状研究［J］. 建材世界，2017，38(6)：87-91.

［33］ 杨秀仁. 我国预制装配式地铁车站建造技术发展现状与展望［J］. 隧道建设（中英文），2021，41(11)：1849-1870.